今日からはじめる蓄音機生活

梅田英喜

deco editorial

はじめに

　はじめて蓄音機を聴いたのは大学生のときでした。日本製の卓上型で、まるで箱の中で何人もの小人が演奏しているようで、聴いていてわくわくしました。それまでもSPレコード時代の演奏をLPに復刻したものは聴いていましたので、SPレコードは音がよくないと思っていました。それが、本来の形(SPレコードを蓄音機で再生)で聴くと、こんなにちがうのかと驚きました。ひとことで言うと、音の実在感です(何しろ箱の中で小人が演奏しているように感じたのですから)。これをきっかけに、20世紀前半に活躍した演奏家のSPレコードを集めるようになりました。

　社会人になってから米国製の大型の蓄音機を入手しました。これまでの「箱の中の小人」が「目の前の演奏家」に変わりました。半世紀以上も前の音楽家が自分のために演奏してくれるのです。編集の仕事のかたわら、周囲の人たちにその魅力を伝えているうちに、いつの間にか本業になってしまいました。30年ほど前のことです。

　その頃は蓄音機のことを知っている人が多かったので、電気オーディオにはない独特の魅力を発信していればよかったのですが、このごろは、蓄音機やSPレコードはもちろんLPレコードも知らない世代が多くなりました。当然、蓄音機を見るのも聴くのも初めてです。

　こうなると、音が出る仕組み、蓄音機の構造、録音の仕組み、針のこと、SPレコードのこと、蓄音機の変遷など、その都度説明することになります。質問はたいてい同じなので「よくある質問」(FAQ)の形の小冊子があると便利だと考えたのが本書のきっかけです。

さらに、蓄音機に興味はあってもそれ以上前に進めない方の背中を押す内容にしたいと思い、入手方法、操作の仕方、手入れなど、実用的な要素を中心に構成しました。

　また、すでに蓄音機を楽しんでいる方にも役に立つ情報を盛り込んだつもりです。

　まずは、冒頭の蓄音機ギャラリーで、有名なモデルや珍しい蓄音機を34機種紹介しました。

　I章は、蓄音機の種類、自分に合った1台の見つけ方、蓄音機の入手方法についてです。

　II章は、一般的なディスク型とシリンダー型の蓄音機それぞれの操作方法を手順を追って写真で解説しました。さらに針やSPレコードについても説明してあります。

　III章は、おもな蓄音機ブランドの紹介です。時代の雰囲気を感じ取っていただけるように、当時の新聞・雑誌広告やカタログを掲載しました。蓄音機ギャラリーの写真・説明文とあわせてお読みください。

　IV章は、蓄音機用語の解説と参考文献です。文献には簡単な内容説明を付しました。

　蓄音機やSPレコードに関する「よくある質問」(FAQ)は各章の最後に関連付けて並べました。さらに、読み物として蓄音機とレコードにまつわるコラムをいくつか書いてみましたので、ご興味ある方は読んでみてください。

　本書をきっかけに、「蓄音機のある生活」を楽しむ人が増えることを願っています。

デザイン・レイアウト

オオモリ デザイン オフィフィス

蓄音機ギャラリー

Phonographs
&
Gramophones
Gallery

撮影:内田芳孝

Hardy Tinfoil Phonograph (1878)

エジソンは、自身が発明した音を記録できる機械を「ティンフォイル・フォノグラフ」
(Tinfoil Phonograph)と名付けた(1877年)。筒に巻いた錫箔(ティンフォイル)に向
かって声を発し、それを再生するというものだった。音楽ソフトを楽しむ道具では
まったくなかったが(そもそもソフトという概念はまだない)、世界を驚かすには十分
で、ヨーロッパやアメリカでは、デモンストレーション用にティンフォイル蓄音機が多
数製作された。この蓄音機は、エジソンが1878年のパリ万博用につくったものである。
実際にはエジソンが送ったプロトタイプをもとに、フランス人エドメ・アルディ(Edmé
Hardy)が製作した。写真の一台はその100年後につくられたレプリカ。クランクを回
しながら中央のマウスピースに向かって発語すると、マンドレルは左に移動して、錫
箔に音が刻まれる。マンドレルを元の位置に戻し、マウスピースにメガホンを差し込
み、クランクを回すと音が再生される。世界初の商用蓄音機で約500台が製造された。

Edison Standard model A (1901)

シリンダー型蓄音機の文字通りスタンダード。このmodel Aが登場したのが1898年。当初は蓋のデザインが角ばっていたので、「スクエア・トップ」と呼ばれた。

のちに蓋が写真のような板かまぼこ型になり、「ニュースタイル・キャビネット」と呼ばれるようになる。正面に大きくEDISON STANDARD PHONOGRAPHのバナーがみえる。写真の一台は、4分用シリンダーも演奏できるようにバージョンアップされている。model Aはこのあと改良・変更を重ね、最終的にはmodel G（1912年）まで発売される。

Edison GEM model A (1901)

コンパクトで可愛らしいまさに宝石(gem)のようなモデル。1899年に発売されたときは木製の台も蓋もなかったが、1901年バージョンから整えられた。鉄のダイキャストボディに黒のエナメル塗装、金のラインと文字が美しい。このあとGEMは、大きなホーンをクレーンで吊るタイプ、2分4分兼用タイプ(通称Red GEM)など、1912年のmodel Eまで5タイプが発売される。

Edison Triumph model E (1910)

"Spring Motor"という蓄音機の名前が"Triumph"（勝利)に変わったのが、1901年のmodel A。以後、代を重ねて、これが5代目のmodel E。最終バージョンはmodel G（1912年)。model Eと先行モデルとの大きなちがいは、リプロデューサーのサイズ。従来より振動板の口径が大きいO型の採用(2分4分兼用)で、音質・音量とも改善された。オーク材のホーンはMusic Master社製。キャビネットとマッチして美しい。

Edison Fireside
model B (1912)

"Standard"のメカを少し簡略化してキャビネットを小さくし、"Red GEM"のホーンを装備させたのが、"Fireside Model A"(1909年、2分4分兼用)。このmodel Bはストレート・ホーンをやめて、クエスチョンマークのような垂直に立ち上がるシグネト・ホーンを採用した。4分専用機というのも潔いし、ホーンとキャビネットのプロポーションもいい。写真のモデルにはダイアモンドB型リプロデューサーが付いている。残念ながら、ホーン内蔵の卓上型アンベローラ蓄音機の普及によって、"Fireside"は1915年で生産を終了する。

Sonora Louis XVI
(1920)

ソノラ(アメリカ)は、ビクターやブランズウィックのように、金属部品(モーターなど)や木工部の工場を自前で持つメーカーのひとつ。優れた木工技術を誇ったソノラは、時代様式のキャビネット・デザイン・モデルを多数発売した(36ページ、ソノラのカタログ参照)。写真はルイ16世様式のコンソール型。中央のドア(パネル)を手前に引いて、下へスライドさせて押し込むと、ホーンが現れる仕掛け。写真はドアが収納された状態で、ホーン開口部のグリルが見える。トーンアームは木製で、外側に彫りをほどこしたものもある。右奥にまるく見えるのは縦振動用のサウンドボックス。交換して使用する。長時間モーターも自慢で、高級機には45分(！)も回るゼンマイ・モーターが搭載され、ゼンマイ消費量を示すメーターまで付いていた。

11

HMV "Trade-Mark" model
(Style No.5)(c.1900)

「犬が耳を傾けている蓄音機」として、おそらくもっとも世界
中に知られた蓄音機。ブレーキがバロードの描いた原画とち
がうことに気づいた方もいるかもしれない。原画ではカム式
のブレーキが側面に付いているが、写真のモデルではボル
ト式のブレーキがキャビネット上部の左側にある。1899年
後半にこのタイプに変更されたためで、改造などではない。
Style No.5というナンバーも、1900年の末に他のモデルが
追加されたときに付けられたもので、それまでは"Improved
Gramophone"(改良型蓄音機)という名称だった。

Victor Monarch Junior
(1902)

Victor Royal (1902)

13

ビクターの初期モデルを2機種。7インチ・
ターンテーブル、クランプなどに"Trade-
Mark model"の名残りを見ることができ
る。トーンアームはまだない。ホーンがじ
かにサウンドボックスと接続され、それが
トラベリング・アームと呼ばれる木の棒に
のっている。これも"Trade-Mark model"
と同じ構造。この"Royal"(下)と"Monarch
Junior"(上)の2機種が、それぞれ"Victor
I"と"Victor II"へ発展していく。

Victor VI
(1904)

ビクターの最高機種で、当時の発売価格は
$100。細かな変更を重ねながら、1915年
まで製造された。キャビネットは無垢のマ
ホガニーで、四隅はコリント式柱、露出し
ている金属部分は14金メッキと、見るから
にゴージャスな蓄音機。見えないモーター
部分にもニッケルメッキというこだわりがあ
る。ホーンはいくつかの種類の中から選べた
が、キャビネットと同じマホガニーのホーン
がしっくりする。昔も今も大変に人気の高い
モデル。

[15ページ]アメリカ・ビクターの学校用蓄音
機の、新旧2種。通称"Schoolhouse"と呼
ばれるVV-XXV(左)は1913年から1927年ま
でに18,000台あまりが出荷され、屋内での
音楽鑑賞だけでなく屋外での体操やダンス
などにも広く活用された(110ページの広告
参照)。キャビネット下部の棚板を上げると
ホーンを収納できるようになっている。取り
はずした蓋はうしろに引っかけられる。
電気録音の時代になって登場したのがVV
8-7(右)。通称"Schoolmodel"。ホーンは
"CREDENZA"(16ページ)と同じサイズ。移
動用の車輪がついていて、後方のバーを
持って、傾けて押す。背面に跳ね上げ式の
テーブルも付いている。出荷台数は2,000台。
のちに、VV 8-8、VV8-9に置き換えられる。

Victor VV-XXV
(1920)

Victrola VV 8-7
(1927)

Victrola CREDENZA
(1925)

音質、音量、そして表現力において、それまでの蓄音機を＜過去のもの＞にしてしまった歴史的名機。エクスポネンシャル・ホーンの採用が、それ以降の音の良い蓄音機の条件となった。写真の"CREDENZA"はドアが2枚の初期モデル。のちに4枚ドア（ホーン用のドアと、レコード・コンパートメント用のドアに分かれている）に変更、さらに、"CREDENZA"の名称がプレートから消え、VV 8-30というナンバーモデルに変わり、デザインも少々変更された。

［17ページ］たいへん珍しいシノワズリ（フランス語で中国趣味の意）仕様（左）。もちろん特注品。シノワズリは18世紀のヨーロッパで流行し、1920年代に欧米でリバイバルして一世を風靡した。他の蓄音機メーカーもこの特別仕様に応じていたので今でもたまに見かけるが、電気録音時代のシノワズリ蓄音機は、ほとんどない。蒔絵ふうの凝った装飾で、好みは分かれるが、ゴージャスな一台。右は通常仕様のVV 8-12。キャビネットはウォルナット。このモデルはクレデンザが大きすぎるという人を対象に作られた。ひとまわり小さいだけでなく、圧迫感のないデザインに仕上がっている。

Victrola VV 8-12
(1927)

17

18

Polyphon portable

ポリフォン(ドイツ)のとてもコンパクトな
ポータブル蓄音機。蓄音機以前に家庭で
音楽を再生する機械といえば、オルゴール
だった。19世紀末から20世紀初頭にかけ
て欧米では、ディスク・オルゴール製造は
一大産業だった。ポリフォンはディスク・オ
ルゴールのトップ・ブランド。オルゴールで
は高さ2mを超える大型機を製造していた
のに、蓄音機はほぼ卓上型かポータブルに
特化して生産していたというのも興味深い。

Cameraphone miniature portable (c.1924)

音質の追求とは別に、もっぱらコンパクトさを追求した
蓄音機が1920年代前半に登場する。小ささはもちろん
のことだが、音を増幅させるアイデア、収納のセンスな
どを競いあった。このカメラフォンはボックスカメラを思
わせる箱に蓄音機が畳み込まれている。鼈甲を模したセ
ルロイドのレゾネーター（これで音を増幅）、120度に開
いた3本のスポークのターンテーブルが特徴。他にピー
ターパン、コリブリ、ミキフォン、トーレンスなどが有名。

Mikky Phone

日本製の蓄音機で、海外でも知られているほとんど唯一のモデル。手のひらに乗る四角い弁当箱のようだが、作りはしっかりしていて、組み立てるとご覧のようになる。"Mikiphone"(スイス)など先行する欧米モデルをいろいろ参考にしたのだろう。何しろ名前からして、とてもよく似ている。梱包箱に"Made in Occupied Japan"と書かれたものもあることから、終戦後の連合軍占領時代に大量に生産・輸出されたと思われる。

Thorens
"Excelda" (1932)

カメラを模したコンパクト蓄音機でもっとも成功したのが、このトーレンス(スイス)の"Excelda"。さまざまなカラーバリエーションがあり、戦後まで作られたということからも人気のほどがうかがえる。

Portables

Russian portables

蓄音機の歴史でロシアが大きな役割を果たしたという話は、寡聞にして知らない。共産党幹部用に作られた特別な蓄音機がソ連邦崩壊後に出てくるかもしれないと期待していたこともあるが、それもなかった。1990年代に見かけたのはHMV model 102や"Excelda"のコピーだった。それでもなかにはコピーではないと思われるものもあり、2機種を紹介する。茶色いほうは"Excelda"のロシア流翻案か。アーム根元の左側に申しわけ程度のホーン開口部がある。左の紺色のほうがデザインがよく練られている。いずれも大きさはmodel 102の半分以下。サウンドボックスがHMV/コロンビアを模していることから、1930年代後半か、もっと後年のものと思われる。

HMV Bijou Grand
(1907)

イギリス家具の面目躍如！"Bijou Grand" のキャビネットには、マホガニー、オーク、ウォルナットの3種類あり、それぞれデザインが異なる。サウンドボックスはエキジビション、ホーンは黒く塗装された4枚の板で構成されたシンプルなもの。木目をいかした見事な象嵌、流れるような曲線の脚で、まさに"Bijou"(宝石)のような一台。1911年まで製造されたが、写真の「ウォルナット」は輸出用だったのかイギリスのカタログには掲載されていない。販売数わずか32台。非常に珍しい。

HMV model 100 (1924)

model 102 (1931)

model 101 (1925)

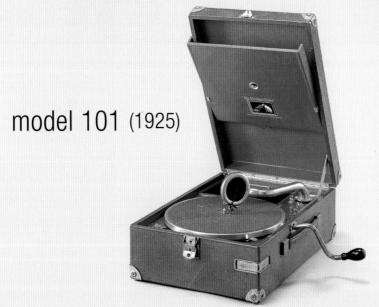

HMVの代表的な3機種。並べてみると、改良の軌跡がよく見える。サイズがほとんど変わっていないのは、ポータビリティを考えてのことだろう。model 100の反射式ホーンから、model 101、model 102ではモーターを取り巻く巧妙なデザインのホーンに変更されている。model 101のレコード収納ポケットは、model 100を踏襲。初期型のmodel 101はクランクを差し込む位置も針入れもmodel 100と同じだったが、その後、写真のように変更された。model 102もこれを踏襲するが、レコード収納はポケット式からトレイ式に変更。写真のモデルには、最初期のNo.16のサウンドボックスが付いている(141ページ「史上最も売れたポータブル蓄音機 HMV #102」参照)。

HMV model 460
"Lumiere"(1924)

プリーツ状の振動板(素材は紙)がそのままスピーカーになっているユニークな蓄音機。この振動板の発明者ルイ・リュミエールの名に因んで"Lumiere"と名づけられた。振動板の構造は日本の扇子からヒントを得たといわれる。HMVとアメリカ・ビクターは、この特許を1910年にリュミエールから買い取り、試作品をいろいろ作ったが、実際に製品化されたのは1924年。発売時のキャッチコピーは「サウンドボックスも、トーンアームも、ホーンもない」。製品化までの時間が長かったにもかかわらず、発売期間は1年余りと短命に終わった。キャビネットはオークとマホガニーの2種類、フロア型はmodel 510。この後、キャビネットを流用してホーンを組み込んだmodel 461(卓上型)、model 511(フロア型)が登場する。生産済みの"Lumiere"用キャビネットを消化するのが目的だったのかもしれないが、そこそこの需要もあってか、しぶとく1929年まで販売された。

HMV model 192
(1926)

1925年に電気録音が始まり、アメリカ・ビクターは"CREDENZA"を発売したが、HMVが同じ構造のモデルを発売するまでにはさらに2年待たなくてはならなかった。その間のつなぎとして発売されたのが、No.4サウンドボックスと細いトーンアーム、それにサクソフォン型のホーンを組み込んだシリーズだった。このシリーズは、1925年秋に旧モデルのキャビネットを流用したmodel 161、171、181などが、翌年秋には新型デザインのmodel 162、192が発売される。model 192は高級機で、金属部分には金メッキ、木部には黒檀の象嵌が施されている。

HMV model 202
(1927)

マホガニー・キャビネットのmodel 203
と並ぶHMVの最高級機。ビクターの
"CREDENZA"に遅れること2年、満
を持しての登場だった。構造的には
"CREDENZA"と同じ2回折り曲げ式の
エクスポネンシャル・ホーンを搭載(「リ・
エントラント・ホーン」と名付けられた)。
ビクターが木製ホーンなのに対しこち
らは金属製ホーンで、"CREDENZA"よ
りもホーンは大きい。エレガントなキャ
ビネットのmodel 203に対し、写真の
model 202は落ち着いた重厚なデザイ
ン。再生音の朗々とした響きは、まさに
王者の風格。高額だったことと、2年後
の世界恐慌の影響もあってか、1932年
までの販売台数はmodel 203と合わせ
ても500台あまり。時代は大きく電蓄へ
と移行する。

EMG Mk VII
(1928)

EMG Mk VIII
(1928)

[26ページ] EMGで最初にナンバーが付いたモデル。デザインちがいの2台を並べた。Mk VIIで初めての大きなキャビネット型というのも興味深い。発売は1928年7月で、これは1927年11月発売のHMV model 202（£60）、1928年2月発売のmodel 203（£75）に対抗するためではないか。キャビネットのサイズもこの2モデルとほぼ同じ。価格は£40（オーク）、£45（マホガニー）、£50（ウォルナット）の3種類。HMVよりも少し低めの設定だが、のちの最大型機であるMk XB Oversizeが£35だったことを考えると、高額商品だったことがわかる。すべて手作りをうたうだけあって、見事な出来。あまり売れなかったようで今日ではほとんど見かけない。

ストレートのエクスポネンシャル・ホーンが特徴。それまでのウィルソン・ホーン・モデルの発展型だが、これにより他と一線を画す真のEMGが誕生したわけだ。ただし、使い勝手の問題は残る。左右に振れるとはいえ、長さ120cmあまりのホーンは置き場所を選ぶし、聴く位置もむずかしい。写真のMk VIIIは蓋のあるデラックス版。蓋を閉じたときにホーンに当たらないようにデザインされている。蓋のないスタンダード版は£18とMk VIIの半分以下。Mk VIIが売れなかったとしても、仕方がない。EMGのシンボルであるクエスチョンマーク型のシグネト・ホーン・モデルはMk Xとして翌年登場する。

Expert "Minor" (1930)   # Expert "Senior"(1930)

EMGを離れたE.M.Ginnが興した会社が Expert。1930年に"Senior" "Junior" "Minor"の3機種を発売する。クエスチョンマーク型のシグネット・ホーンではなく、まっすぐに立ち上がって90度曲がる、逆L字型のようなホーンが特徴。

左の"Minor"は、ホーンに石膏がコーティングされたタイプ。シンプルで無駄のないデザインが美しい。専用台に置くとプロポーションのよさが際立つ。価格は£19 10s。

右の"Senior"もシンプルなデザイン。武骨な印象を与えるが、巨大なホーンとのバランスを考えると当然ともいえる。針を下ろす位置がターンテーブルの左側なので、ちょっと慣れが必要。価格は£32 10s。

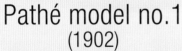

Pathé model no.1
(1902)

パテ(フランス)の初期シリンダー型蓄音機。
被せ蓋が台になる合理的なデザイン。狩猟
用ラッパのようなホーンもパテならでは。シ
リンダーのケースにトレードマークの雄鶏の
絵柄が見える。

Pathé "Le Ménestrel"
(1902)

"Le Ménestrel"(吟遊詩人)と名付けられたシリンダー
型蓄音機。パテではなくジラール社(J. Girard et
Cie)の名前がある。ジラール社はクレジット販売専門
の会社で、パテからOEM供給を受けていた。ルイ15
世スタイルの鉄の鋳物のケースに、パテのメカニズム
が組み込まれている。青い塗装に金で彩られた美し
いモデル。富裕層向け。

Pathé Diffusor
model(1920)

パテの縦振動レコード専用蓄音機。円錐
形コーンの先端に針が付いていて、レコー
ドの深浅振動をそのままコーンで増幅する。
シンプルだが効果的な方法。蓋がブライン
ドのように開閉できるので、蓋を閉じた状
態で音量を調整できる。蓋のないタイプや
ポータブル型、さらにフロア型まであった。

contents

蓄音機ギャラリー

I章　準備編

I-1　蓄音機って、何?…………38

ホーン型／卓上型／ポータブル型／フロア型／ホーンなしの型／シリンダー型

I-2　好みの1台の見つけ方…………40

とりあえずの1台なら／音質を重視するなら／ホーン派なら／インテリアにこだわるなら／

メカニズム重視なら／変わり種なら

I-3　蓄音機はどこで買える?…………42

ネット・オークション／アンティーク・ショップ

アンティーク・フェア、骨董市／専門店

◆FAQ…………43

蓄音機と電蓄のちがいは何?／価格はどれくらい?／蓄音機とレコード、針以外に何が必要?／設置するときの注意点は?／大きいほど大音量?／どこまでオリジナルにこだわるべき?／いまでも製造されている?

◆FAQ＝Frequently Asked Questionsの略で、「よくある質問」と訳されます。

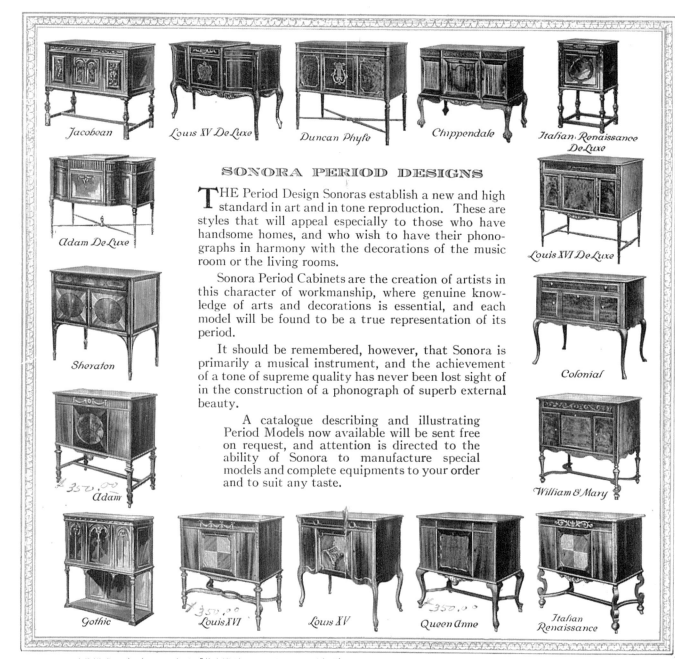

SONORA PERIOD DESIGNS

THE Period Design Sonoras establish a new and high standard in art and in tone reproduction. These are styles that will appeal especially to those who have handsome homes, and who wish to have their phonographs in harmony with the decorations of the music room or the living rooms.

Sonora Period Cabinets are the creation of artists in this character of workmanship, where genuine knowledge of arts and decorations is essential, and each model will be found to be a true representation of its period.

It should be remembered, however, that Sonora is primarily a musical instrument, and the achievement of a tone of supreme quality has never been lost sight of in the construction of a phonograph of superb external beauty.

A catalogue describing and illustrating Period Models now available will be sent free on request, and attention is directed to the ability of Sonora to manufacture special models and complete equipments to your order and to suit any taste.

Jacobean

Louis XV De Luxe

Duncan Phyfe

Chippendale

Italian Renaissance De Luxe

Adam De Luxe

Louis XVI De Luxe

Sheraton

Colonial

Adam

William & Mary

Gothic

Louis XVI

Louis XV

Queen Anne

Italian Renaissance

SONORAの時代様式モデル（カタログより、「蓄音機ギャラリー」11ページ参照）

Introduction

I 章

準備編

蓄音機って、何?

　蓄音機……と聞いて、どういう機械をイメージするでしょうか。ある年代以上ならどんなものかはご存じでしょうが、蓄音機そのものを知らない世代には説明が必要かもしれません。ここでいう蓄音機とは、LPレコードが登場する前に主流だったレコード(SPレコードまたはSP盤という)を聴くための装置で、レコードに刻まれた音を、電気を使わずに再生する機械のことです。

　原理的には、レコードの溝に記録された信号を針がなぞることで振動し──振動は音となって聞こえるが非常に小さい──その小さい音をホーン(ラッパ)で大きくする、というものです。このために必要なのが、まず音を拾うサウンドボックス、次いでサウンドボックスとホーンをつなぐトーンアーム(最初期はサウンドボックスとホーンが直結)、さらに音を増幅するホーン、そしてレコードを回転させるターンテーブルの4つです。形や大きさはさまざまでも、この4つをひとつに組み込んだものが蓄音機です。

　さて、その蓄音機は、大きく6つのタイプにわけることができます。
ホーン型　「箱とその上の浮かんだホーン(ラッパ)」は蓄音機のもっともわかりやすいイメージです。音の入り口から出口までがひとつながりに見えるさまは、蓄音機の原理と構造そのものといえるでしょう。英語ではホーン・グラモフォンといいます。
卓上型　家庭用としてもっとも普及したタイプで、とくに畳の生活がほとんどだった日本では、数多くのメーカーによって製作されました。英語でテーブルトップ・グラモフォン。

ホーン型(HMV #7)　　　　卓上型(ビクター VVI-90)　　　　ポータブル型(HMV #102)

ポータブル型　文字通り持ち運びできるタイプをいいます。英語はポータブル・グラモフォン、あるいはピクニック・グラモフォンと言ったりもします。

　また、ポータブル型の一種にカメラの形を模したカメラフォンがあります。箱(ケース)を展開して組み上げると蓄音機になります。たたんだ状態では蓄音機とわからないところがおもしろい。いくつものメーカーが、小さなケースに、それぞれ独自の機構を組み込んでアイデアを競い合いました。

フロア型　テーブルの上に置く卓上型に対して床に設置するのがフロア型。英語ではフロア・モデルあるいはフロア・スタンディング。形状も大きさもさまざまですが、とくに縦型をアップライト型、横長のものをコンソール型といいます。

　なおフロア型には、グランドピアノやアップライトピアノなど、ピアノの形をしたものや、机やテーブルを模したものなど、使わないときには家具にしか見えない蓄音機もありました。

ホーンなしの型　「蓄音機はホーンで音を増幅する」と前述しましたが、ホーンのないタイプもいくつかあります。プリーツ状の円盤から音を出す「リュミエール」(英・仏)、コーン・スピーカーの元祖のようなパテの製品(仏・米)、ボウルに反射させて音を大きくするデッカのポータブル(英)などがあげられます。

シリンダー型　上記の5タイプはいずれも円盤のレコードを再生するものですが、忘れてはならないものに、エジソンに代表されるシリンダー(筒)型蓄音機があります(盤ではなく筒状のレコードを再生する蓄音機のことで「蠟管式」とも言いますが、原材料が蠟だけでないので、ここでは「シリンダー型」に統一します)。エジソンのほか、コロンビア(米)、パテ(仏)、エジソン・ベル(英)がこのタイプの蓄音機を製造していました。シリンダー型蓄音機は一般に「フォノグラフ」と呼ばれます。

フロア型(HMV #157)

ホーンなしの型(フレンチ・リュミエール)

シリンダー型(エジソン・ファイアーサイド)

好みの1台の見つけ方

まずは以下の6つのタイプを参考に、あなたの好みの1台を見つけてみましょう。

とりあえずの1台なら

とりあえず蓄音機を手に入れて、その世界に触れたい……。あるいは置き場所に制約があるという方には、卓上型かポータブル型がおすすめです。

卓上型はミカン箱をひと回り大きくしたくらいのサイズですから、さほど場所をとりません。なるべく小さいものを……ということであれば、ターンテーブルの直径が25cmのものを選ぶとよいでしょう。それでも30cm盤はかけられます。卓上型は日本製がいちばん種類が多いようで、日本ビクター、日本コロムビアをはじめ多くのメーカーが発売しました。

もっと小型の製品なら、ポータブル型がおすすめ。もともと持ち運べるようにコンパクトに作られています。場所もとらず、野外で楽しめるという利点もあり、日本製も外国製もたくさん製造されました。

アップライト型
(HMV Library Bijou)

音質を重視するなら

SPレコードをいい音で聴きたい、とは誰もが思うもの。高額な蓄音機のほうがかならず音がいい、ということはなく、それぞれのカテゴリーでいい音の蓄音機はあります。たとえば、ポータブルなら HMV #101や#102、卓上型なら同じくHMV #104や #130、ビクター VV 1-90など。フロア型では、やはりビクターやHMVの中・大型機、そして EMG/Expertのホーン・モデル。これらはいずれも電気吹込み時代 (1925年〜)の製品で、しっかりした音響理論に基づいているといえるでしょう。もちろん、それに匹敵する製品は他のメーカーにもあり、電気吹込み以前の製品にも魅力的な音の蓄音機がたくさんあります。

ホーン派なら

「蓄音機はやはりホーンが見えなくては」という方も多いはず。ただし、ホーン内蔵型蓄音機より古いものが多く、部品が入れ替わっていることも珍しくないことは承知しておいてください。

日本製では「ニッポノフォン」がポピュラーです。外国製は有名無名を問わず、たくさんあります。ホーンには、金属ホーンと木製ホーンがあり、木製ホーンのほうが一般に高額です。ホーンの形状、サイズ、コンディションで価格はさまざまです。なお、いまでもインドあたりで製造

コンソール型
(HMV #260)

されている金属ホーンの蓄音機は要注意です(詳しくは、44ページの「FAQ 7」参照)。

インテリアにこだわるなら

　蓄音機の音も魅力だけど、部屋の雰囲気を壊さずに、できればグレードもあげたい……。それならアンティーク家具のような蓄音機がおすすめです。イギリスにはもともと家具の伝統がありますから、家具に蓄音機を組み込んだようなモデルがいくつもあります。アメリカでは「ペリオド・モデル(時代様式)」といって富裕層を対象にしたモデルを各社が競い合って生産していました。当時は大変高額でしたが、大きくて場所をとるということもあって、いまや以前ほどの人気がありません……狙い目です。

メカニズム重視なら

音質を重視するなら
(たとえば EMG Mk IX)

　音質はもちろんだけれど、音を再生するメカニズムにも興味があるという方には、エジソンのシリンダー型をおすすめします。

　マンドレル(筒)にセットされたシリンダー・レコードが回り、リプロデューサーが音を拾い、それに直結したホーンから音が拡声される。背後に仕組まれたギア機構によってレコードの上をリプロデューサーがまっすぐ進む。これらのメカニズムがむき出しで見えるのですから、見ていて飽きません。演奏中は無理ですが、ボードをあけるとモーターが回転している様子が見え、ベルト駆動の仕掛けもよくわかります。

　まさに100年以上前のエンジニアリングのすばらしさを実感できます。エジソンのメカニズムは基本的に同じですから、好みのモデルを選ぶとよいでしょう。トーンアームをギアで送る方式のエジソン・ダイアモンド・ディスク蓄音機もあります。

変わり種なら

　ふつうの蓄音機は面白くない、変わったものを……。では、ピアノ型、デスク型、テーブル型、ランプ型などはいかがでしょう (114ページの広告参照)。

　ピアノ型は鍵盤部がホーン開口部になっています。ランプ型は卓上タイプとフロアタイプがあり、もちろんランプとしても機能します。パテ(仏)は独創的なデザインの蓄音機をいくつも出していました(136ページの広告参照)。また、蓄音機ギャラリーでも紹介したカメラフォンも変わり種です(18、19ページ参照)。

変わり種なら
(たとえばパテ・アクチュエル)

蓄音機はどこで買える？

蓄音機を入手するには、下記のようにいくつかの方法があります。

ネット・オークション

　いちばん手軽な方法で、いまやかなり一般的です。ただし、数点の画像と説明だけをたよりに入札するので、それなりのリスクを覚悟する必要があります。ほとんどの場合保証はないと言っていいでしょう。それでも、とりあえず何か1台、あるいはお目当ての1台を安く……ということであれば、ネット・オークションも選択肢のひとつです。

アンティーク・ショップ

　西洋アンティーク・ショップでは、家具に紛れてたまに蓄音機を見かけることがあります。ほとんどの場合メカニズムの整備などはなされていませんが、うまくすると掘り出しものにめぐりあえるかもしれません。日本でもたくさんの蓄音機が作られていたので、骨董屋さんで目にする機会も多いと思いますが、ただし、きちんとした整備はあまり期待できません。

アンティーク・フェア、骨董市

　多くの業者さんが集まるアンティーク・フェアや骨董市ではかならずといっていいほど蓄音機を見かけます。現物を前に価格交渉もできる一方、フェア独特の雰囲気と他の人に買われるのでは……とのあせりから、欠点を見逃してしまいがちなので注意が必要です。

専門店

　日本には蓄音機を専門に扱うお店が数軒あります。店内にさまざまなタイプの蓄音機がならんでいます。実際にそれぞれの蓄音機の音を聴くことができれば、自分の好みの1台を見つけられるかもしれません。扱い方や注意事項も教えてくれるはずです。保証や購入後のアフターケアの面からも安心です。

　最後にひとつ、大事なこと。蓄音機は製造されてからすでに100年前後経過しており、その間にそれぞれの個体は多種多様な環境や条件のもとで使われてきました。つまり、型番が同じであってもひとつとして同じものはありません。たとえば現在製造販売されているのなら、価格の比較にも意味があるかもしれません。しかし、蓄音機を選ぶ際には価格ではなく、やはり蓄音機そのもののコンディションと音の比較に重点を置くのがいいと思います。

FAQ

1◎蓄音機と電蓄のちがいは何？

　レコードの溝に刻まれた信号(振動)を針先で拾って、音として増幅する。つまり、振動を音として再生するのに、電気をつかわずに、ホーン(ラッパ)の原理で増幅するのが、アコースティック蓄音機。これに対して、針先の振動をいったん電気信号に置き換え、アンプで増幅し、最終的にスピーカーの振幅に変換して増幅するのが電蓄、すなわち電気蓄音機です。アコースティック蓄音機にも、ターンテーブルを回すために電気モーターを使用したものがあります。これは一部に電気を使用していますが、アコースティック蓄音機です。

2◎価格はどれくらい？

　ネット・オークションでは数千円で購入できる場合もありますが、あまり安いものに完品を期待するのはむずかしいでしょう。安いものはそれなりだと思ったほう無難です。きちんと整備されたオリジナルの製品ということになると、やはり最低数万円はするものとお考えください。

3◎蓄音機とレコード、針以外に何が必要？

　ターンテーブルの回転をチェックするためのストロボスコープ(52ページ参照)と、レコードの埃を払うレコード・クリーナー (パッドもしくはブラシ)。この二つはあったほうがいいでしょう。そのほかには、レコードを保存するためのケース類、キャビネットの手入れをするためのワックス、金属部分を磨くための研磨剤なども必要です。

4◎設置するときの注意点は？

　直射日光が当たる場所や、エアコンの吹き出し口は避けましょう。水平に置くことも大事です。水準器を使う必要はありませんが、レコードをかけていないときに、トーンアームが左右どちらかに動いてしまうほど傾いてはいけません。床も堅牢なほうがいいでしょう。畳の上に置く場合は、卓上型はともかくフロア型は、下に板を敷くなど補強してください。

5◎大きいほど大音量？

　ホーンが大きいほうが音は大きくなります。ただ音量ということでは、ポータブル型や卓上型でも十分大きな音が得られます。サイズが大きくなるに従って音量が増すというよりも(もちろんそれもありますが)、音のレンジ(拡がり)というか、スケール感が増します。

6◎どこまでオリジナルにこだわるべき？

　蓄音機は、ターンテーブルが回転したりトーンアームをスイングさせたりするので、故障はつきものです。また、ほとんどの場合、多くの人の手を経て今日まで残っているわけですから、その間に生じたダメージや改造は、ある程度は仕方のないことです。壊れてしまったときに純正部品で修理できることのほうがまれで、入手できるパーツで修理あるいは代用するほうが普通です。

　蓄音機の値段は、音の良し悪しのほかに、外観やパーツの状態、メカの状態、オリジナリティ、希少性、人気などで決まります。同じ蓄音機で性能が同じでも、値段に違いがあったりするのはそのためです。状態がよくてオリジナリティが高いほうが望ましいでしょうが、上記の点を踏まえて納得のいく製品を選びましょう。

7◎いまでも製造されている？

　HMV / ビクターのトレードマークをつけたホーン型蓄音機がインド方面で作られています。キャビネットの形が四角だけでなく、円柱型だったり、八角形だったり、側面にガラスがはめ込まれていたり、さらにホーンに加工や模様があったりといろいろですが、これらはもちろんオリジナルではありません。インターネットでアンティークと称して販売しているところもあるので注意が必要です。使用部品も粗悪品です。

レコード・クリーナーいろいろ

蓄音機とオーケストラ

　蓄音機がオーケストラに登場する作品があります。ご存知でしょうか。

　イタリアの作曲家レスピーギの交響詩『ローマの松』。その第3曲「ジャニコロの松」の終わり頃に、〈ナイチンゲールの鳴き声のSP盤を蓄音機でかける〉という指示があります（次ページの譜例参照）。

　この曲は、1924年12月14日、ローマで初演されました。当時、すでに野鳥の声を録音したレコードが発売されており、おそらく、レスピーギもナイチンゲールの鳴き声のレコードを持っていて、それを演奏会で使ったのだと思います（ちなみに、レスピーギには組曲『鳥』という作品もあり、第4曲はいみじくも「ナイチンゲール」です）。

　『ローマの松』の楽譜は、翌1925年にリコルディ社から出版されました。楽譜にもイタリア語で、"grammofono"（蓄音機）と書かれています。楽譜の下段には、次のような注記が付されています。「ナイチンゲールの歌」のレコード番号です。

　「No. R. 6105 del "Concert Record Gramophone : Il canto dell'usignolo".」

　残念ながら、この番号のレコードは見つかりませんでした。が、「61905」は発見。「9」が余計ですが、1913年5月録音のナイチンゲールの鳴き声のレコードです。この後1927年まで、英グラモフォン社から野鳥のレコードは出ていません。おそらく、レスピーギは「61905」を使ったのではないかというのが筆者の推測です。つまり、楽譜注記の「6105」は単なる誤植なのでは……。

オーケストラの練習場に置かれたEMG蓄音機

ナイチンゲール　　　　　　　　　ここからナイチンゲールの声が入る

★ Nº R. 6105 del "Concert Record Gramophone: Il canto dell'usignolo.

『ローマの松』の楽譜より。脚注に「No.R.6105」とある。

46

このレコードを製作した人の名前もわかっています。ブレーメン(ドイツ)のカール・ライヒという野鳥のトレーナーで、録音は飼育用の大きな檻で行われました。

　SP盤しか音源がない時代には、『ローマの松』の演奏会では蓄音機が使われていました。たとえば、トスカニーニ指揮によるアメリカ初演(1926年1月、ニューヨーク)で使用されたのは、ブランズウィック蓄音機。その後、LPやテープレコーダーの時代になると、演奏会でもナイチンゲールの鳴き声をスピーカーから流すようになりました。

　2019年1月に、記念すべき、画期的な演奏会が東京で行われました。蓄音機を使った『ローマの松』の演奏会です。NHK交響楽団の定期演奏会で、客演指揮者ステファヌ・ドゥネーヴ氏の希望によって実現しました。

　筆者も協力しました。演奏会で使われた蓄音機はEMG Mk IXです。ナイチンゲールのレコードは、ドゥネーヴ氏が持参した1枚と筆者が持ち込んだ2枚の合計3種類を聴きくらべて、写真の盤が使われました。演奏会の模様はFMで生放送されましたし、3月にはテレビでも放映されました。

　ホーンから流れるナイチンゲールの鳴き声が、オーケストラの響きと自然に溶け合い、ホール全体に沁みていきました。もちろん、スピーカーは使いません。初演当時と同様に、蓄音機のみの音です。おそらく、日本では初の試みだと思います。

NHK交響楽団演奏会では1927年盤が使われました。1913年盤はラッパ吹込み、1927年盤は電気吹込み。

ラッパ吹込み時代のオーケストラ録音の様子。右端に録音用ホーンが見える。1911年ロンドン("Hi-Fi News" 1961年10月号表紙)

How to Use

II 章

操作編

II–1　ディスク型蓄音機の各部の名称

　I章で、蓄音機は6つのタイプに分けられると書きましたが、操作方法という点からは、ディスク型とシリンダー型に分けられます。ディスク型の操作手順からはじめますが、はじめに、入手する機会のもっとも多いタイプの蓄音機のイラストと各部の名称をあげておきます。各パーツの形状や位置など、細部はちがっても動作原理は同じですので、覚えておくと便利です。

ホーン型

ホーン

ホーンエルボウ

エルボウクランプ

サウンドボックス

トーンアーム

ターンテーブル

クランク(ハンドル)

アームブラケット

スピード調整

ポータブル型

- 手動ブレーキ（スタート／ストップ・レバー）
- リドステイ
- アームクリップ
- クランク・ホルダー
- ターンテーブル
- トーンアーム
- 自動ブレーキ
- スピード調整
- クランク（ハンドル）
- 使用済み針入れ

卓上型・フロア型

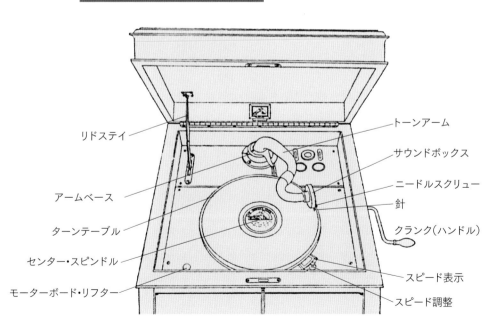

- リドステイ
- アームベース
- ターンテーブル
- センター・スピンドル
- モーターボード・リフター
- トーンアーム
- サウンドボックス
- ニードルスクリュー
- 針
- クランク（ハンドル）
- スピード表示
- スピード調整

II-2 ディスク型蓄音機の操作手順

開始前のチェック

実際に操作を始める前に、次の4点をチェックしておきましょう。

❶ストロボで回転数をチェックする

　ターンテーブルの回転数をチェックするために、ストロボスコープ(以下ストロボ)を用意します。ターンテーブルにストロボをセットし、スタートさせたら、蛍光灯もしくは裸電球の光で、回転数を確認します。78回転で回っていれば、ストロボに記された筋が止まって見えます。78回転より速い場合は、その筋が左側へ流れ、遅ければ右側に流れます。スピード調整ネジで、筋が止まって見えるように調整してください。筋が左右に揺れたりと、不規則な動きをする場合はモーターの整備が必要です。

　電気の周波数は、東日本は50Hz、西日本は60Hzです。それぞれの地域に合わせたストロボが必要です。なお、室内照明がLEDの場合は使えません。LED以外の照明を用意するか、専用の機器を用意する必要があります。ストロボスコープは市販されていますが、このページに印刷されたものをコピーして台紙に貼り、センターに穴をあければ使えます。

❷ゼンマイを巻きあげてみる

　クランクをセットしたら、ゆっくりゼンマイを巻きあげます。このときに、回数を数えておきましょう。数え方は、ゼンマイが完全に伸びた状態、つまりスタートさせてもターンテーブルが回転しない状態をゼロとして、そこから1回、2回、3回……と数えます。

　巻きあげられる回数は、ゼンマイ・モーターの種類によっていろいろです。30 〜 40回から80回を超えるものまであります。多く巻けるからといって、毎回フルに巻きあげる必要はありません。正しい回転速度でレコードの1面が演奏できればよいからです（詳しくは「ゼンマイ・モーターのあつかい方」62ページ）。

❸トーンアームを動かしてみる

　まず、トーンアームがボードにしっかり固定されていることを確認します。アームを固定するネジが緩んでいたら、締めてください。次に、アームがスムーズに動くかどうかを確認します。トーンアームの先端を写真のように持ち、まず左右に、次に折り返し部分を手前に回転させるように動かしてみてください。動きが鈍いとレコードのトレースに影響しますので、アームの滑らかな動きの確認は重要です。

◉ クランクをセットするときのコツ

　ほとんどの蓄音機は、ゼンマイを巻き上げるクランク(ハンドル)を入れる穴が正面に向かって右側にあります。ここからクランクをまっすぐ入れて、ゼンマイ・モーターの受け口と合わせるわけですが、すんなり嵌(は)らないことがあります。これが案外難しいのは、入り口でわずかに角度がずれただけでも、20cm ほど(あるいはもっと)先の受け口では大きくずれてしまうからです。うまく入れるコツは、握ったクランクの縦の棒が側面と、横の棒が正面の縁とそれぞれ平行にすることです。平行を意識しながら入れると受け口にあたります。うまくいかないときは数回繰り返してみてください。なお、クランクを入れる穴の金具(エスカッチョン)に油をちょっと注しておくと、巻きあげ時の金属同士の摩擦が減ります。

❹サウンドボックスの位置を正す

　　サウンドボックスがしっかりトーンアームに嵌っていることを確認してください。ぐらぐらするようなら調整が必要です。横から見て、針を盤に下ろしたときの角度がだいたい60度になるように、さらに正面から見て針が盤に対して垂直になるようにセットします。

これで蓄音機の準備ができました。

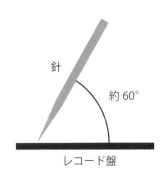

針
約 60°
レコード盤

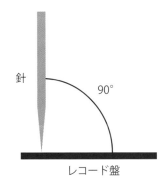

針
90°
レコード盤

チェックが無事完了したら、実際にレコードをかけてみましょう。写真の蓄音機はHMV model 163です。

❶ 針をセットする

針留めネジの締め加減と針の長さに注意してください。

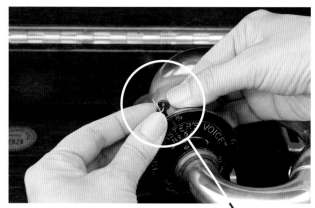

サウンドボックスに針をセットし、針留めネジで軽く締めます。あまりきつく締めすぎないように。

針が出ている部分の長さは10mm程度。

❷レコードをセットする

レコード面に傷をつけないように注意してください。

ターンテーブルにレコードをのせます。ポイントは、レコード中央の穴をセンター・スピンドルに合わせること。こうすればスピンドルがレーベル部分をこすってしまうのを防ぐことができます。レコードはエッジの両側を持ち、盤面に触れないようにします。

❸ターンテーブルを回す

　スタート・レバーを引いて(機種によっては、押して)、ターンテーブルを回転させます(写真の蓄音機の場合はトーンアームを右に振って)。ゼンマイが解放された状態では回りませんが、ゼンマイを数回巻くと回りだします。回りださない場合は、手で回してきっかけを与えます。

❹ゼンマイを巻く

　フルに巻きあげないように注意してください(「ゼンマイを巻きあげてみる」53ページ参照)。

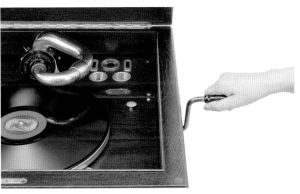

クランクを回して、ゼンマイをゆっくり巻きあげます。

❺ レコードをクリーニングする

クリーニング・パッド(またはブラシ)でレコードの埃をとります。音のためにも、レコードのためにもぜひ行なって下さい。

❻ 針を下ろす

針がうまく最初の溝に入らなかった場合は、サウンドボックスをそっと内側に押してやります。

ターンテーブルが定速で回るようになったら(数秒程度)、トーンアームを左手で持ち上げ、サウンドボックスに右手を添えて、レコードの縁の溝のないところに静かに下ろします。ほどなく最初の溝に入っていきますが、そのままの位置で回り続けている場合は、サウンドボックスをそっと内側に押してやると、演奏がはじまります。

❼ 蓋を閉じる

蓋のある蓄音機は、蓋を閉じます。

蓋を閉じると、チリチリという針音が目立たなくなります。もちろん好みですから、蓋を閉じなくてはいけない、というわけではありません。

❽ サウンドボックスを持ちあげる

演奏が終わったら蓋を開け、レコードを傷つけないように、静かにサウンドボックスを持ちあげます。

トーンアームは上向きに折り返しておきます。

❾ 回転を止める

スタート・レバーを戻してターンテーブルの回転を止めます(オートストップ機構があるものは、自動的に止まります。スタート・レバーとブレーキは兼用です)。

❿ 針を捨てる

「レコード1面・針1本」が原則です。

針留めネジを緩めて、サウンドボックスから針を抜き、使用済み針入れカップに捨てます。手前のふたつのボウルは使用前の針を入れておくところ。サウンドボックスに針をつけたままにしておくと、その針が使用前なのか使用済みなのかがわからなくなります。また、不測のアクシデントで、サウンドボックスやレコード、さらにはキャビネットにダメージを与えることにもなりかねません。

⓫レコードをしまう

レコード面に触れないように注意してください。

エッジとレーベル部分を片手(親指&中指・薬指)で支えながら、スリーヴ (収納袋)にしまいます。

音量調節の方法

　蓄音機には、ボリューム・コントロールはついていません。つまみをひねって音量を調節することはできませんが、音量の調節は可能です。

① 針の太さで調節できます。

　鉄針には「ラウド」「ミディアム」「ソフト」、さらに「エクストラ・ラウド」「エクストラ・ソフト」まであり、太くなるほど音量が上がり、細くなると音は小さくなります。メーカーによって呼び方はさまざまですが、目で見ても判断できます。

② 扉の開け加減で調節できます。

　ただし、扉を全部閉めてはいけません。ホーンによって増幅された音のエネルギーが、扉で跳ね返って戻り、サウンドボックスの振動板に負荷をかけるからです。もちろん、この音量調節ができるのは、扉のある蓄音機に限ります。

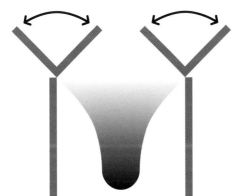

扉はホーンの延長と考えてください。扉を開けば、音は大きくなります。好みのバランスを見つけるのも楽しみのひとつです。

③ 機械的に音量調節できる蓄音機もあります。

　たとえば、エジソンのダイアモンド・ディスク蓄音機。ホーンの前に布のボールがあって、レバーを引くとボールがホーンを塞いで音を小さくします(この仕組みを真似て、ホーンにタオルを入れるという方法もありです)。コロンビアには、ホーン前のルーバーの開き加減で音量調節するモデルがたくさん出ています。ブランズウィックには、トーンアームの根元からホーン開口部までの音道にスライド式の仕切りを置き、その開き加減で音量調節するモデルがあります。

エジソン蓄音機の音量調節。ボールの塞ぎ加減で、音量調節する。

ブランズウィック蓄音機の音量調節ノブ。キャビネット側面のノブを引くと、中の仕切りが音道を塞いで、音量を下げる。

ゼンマイ・モーターのあつかい方

　ゼンマイ・モーターのあつかい方で大事なのは、過剰な負荷をかけないよう注意することです。レコードの片面が演奏できる程度と考えてください。機種によってまちまちなので、以下の手順を体感(手ごたえ)で覚えてしまうことをおすすめします。

　まず、ゼンマイの力がゼロの状態(スタートのポジションでターンテーブルが回らない状態)から、ゆっくりと回数を数えながら、止まるところまでクランクを巻きあげて、その回数を覚えておきます。

　いっぱいに近づくにつれて、クランクはだんだん重くなります。そのいちばん重くなる少し手前のところで止めるとゼンマイへの負荷を抑えられます。小さなゼンマイ・モーターの場合は、毎回フルに巻きあげないとレコードの片面が演奏できないこともありますが、これは仕方のないことです。

　ゼンマイの巻きが十分でないと、演奏の途中で回転が落ちてしまうことがあります。その場合は、レコードをかけた状態のままゼンマイを巻き足してもかまいません。それによってモーターに負荷がかかるということはありません。

FAQ

8◎ゼンマイは巻いたまま？

　レコードを聴かないときは、蓄音機のゼンマイをリリースして解放しておくほうがいいと思います。これはゼンマイを長もちさせるコツです。

9◎ゼンマイは交換できる？

　蓄音機のターンテーブルは、ゼンマイ・モーターで回転しています。このゼンマイは切れることがあります。

　ゼンマイのタイプとサイズはメーカーと機種によってさまざまですが、ビクターやHMVなどに多く使われているゼンマイは、現在も製造されています。また機種がちがってもモーターは共通のものも多いので、そのゼンマイを流用することもできます。

　たとえ自社製モーターがないメーカーでも、トーレンス(スイス)、ガラード(英)などのモーターを使っている場合は入手可能な場合も多く、おおむねメジャーなメーカーの蓄音機なら心配ないと思います。

10◎レコードの回転が落ちてしまうのはなぜ？

　ひとつはレコードのせい。つまり盤面が荒れていて針がトレースするときに抵抗が大きくなって、回転が落ちる。この場合は、まずレコードをクリーニングしてください。その後、いぼた蝋(「すり減ったレコードを聴きやすくするには？」77ページ参照)などを塗って抵抗を少なくしてから、もう一度かけてみてください。細目の針を使用すると、回転が落ちない場合もあります。

　それでも回転が遅くなる場合は、モーターに原因があると考えられます。ゼンマイを交換するか、モーターを整備するか、もしくはその両方が必要です。

II-4　針について

金属針

　金属針で一般的なのは、鉄針です。鉄針といってもメーカーによって原料の配合比が異なるので、同じようなサイズ(太さ・長さ)でも音にちがいが出ます。

　太いほうが大きな音が出ます。同じ太さなら、短いほうが音は大きい。針の呼び方は、太いほうから「エクストラ・ラウド」「ラウド」「ミディアム」「ソフト」「エクストラ・ソフト」……。「フルトーン」「ハーフトーン」などと呼んでいるメーカーもあります。

　鉄以外の金属針としては、クローム鋼の針や、ブロンズ(銅)針もありました。また、タングステン鋼を使用した針については、「タングステン針」(67ページ)を参照してください。

　蓄音機メーカーの針は、まっすぐな針がほとんどですが、針専用メーカーの針はまっすぐな針以外に、くの字のような針、ペンのように途中が広がっているもの、曲がっているもの、螺旋状のもの、太さが二段階になっているもの、さらに金メッキや銀メッキをほどこしたもの……など、各社独自の工夫を凝らして独創性をアピールしていました。

　同じ盤でも針によって音は変わりますから、確かに相性というのはあります。いろいろ試しながら、好みの音を見つけてください。

　次ページに、ドイツの針メーカー「マーシャル社」の広告を載せましたのでご覧ください。種類の多さに驚かされます。

針缶について

　蓄音機の針を入れるブリキのケースを「針缶」といいます。蓄音機の時代には、この針缶が何千種類(あるいは何万種類)も作られました。それだけ多数のメーカーがあったわけではなくて、OEM(相手先ブランド製造)が盛んだったのです。日本の針メーカーの方から「戦前は海外にたくさん(相手先ブランドで)輸出した」とうかがったことがあります。

　針缶は針を使い終わったあとも楽しめるアクセサリーです。蓋に描かれた文字や絵を眺めていると、時代の雰囲気が伝わってきます。いまでも針缶に魅入られたコレクターが世界中にいて、集めた針缶で書籍を出版したり、ウェブでコレクションを公開している人もたくさんいます。

ドイツの針メーカー「マーシャル社」の広告。さまざまな形状の針がイラストで描かれている。

竹針とソーン針、その他の針

鉄針以外でポピュラーなのは、竹針とソーン針です。鉄針とちがって、1本の針で何回も使えます。

竹針は、断面が三角形になっていて、1面演奏するごとに専用のカッターで切ってから使います（「竹針カッターの使い方」70ページ参照）。尖端部は三角で、根元のほうが細く丸い軸になっているものもあり（「ラウンドシャンク」といいます）、針を差し入れる穴が三角形になっていないサウンドボックス、つまり丸い穴のサウンドボックスや、電蓄のピックアップに使えます。

ソーン針はサボテンの棘を針の形状に加工したもので、専用のシャープナーで研磨して使用します。

それ以外にも、ガラス針、陶針、鹿角針、鯨の髭針（ホエールアイヴォリー）などの珍しい針があります。

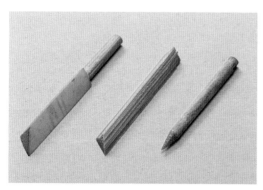

右からソーン針、通常の竹針、ラウンドシャンクの竹針

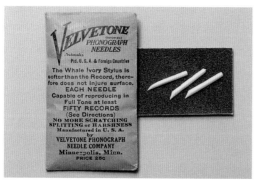

鯨の髭針（ホエールアイヴォリー）。アメリカが鯨油のために捕鯨をしていたころの製品か？

タングステン針

タングステン針についても触れておきます。

米ビクターが開発したもので、同社と英グラモフォン社 (HMV)が熱心に推奨・販売しました。両社製蓄音機の多くのモデルには、タングステン針のケースをセットする場所があります。

文字通りタングステン鋼を原料にしたもので、鉄のシャフトの中心にタングステンのワイヤーが入っている構造です(イラスト参照)。シャフトは摩耗しません。タングステンの先端のみが少しずつ摩耗していく仕掛けで、鉄針のように針先が面になるような減り方ではなく、先端の直径が変わらない減り方をするのが特徴です。説明書には「レコードを傷めず、音質も損なうことなく、何十回も使える」とあります。8本入りの専用ケースで販売されました。平均寿命は150回！ただし、「レコードの音量と扱い方によって変わってくる」と書かれており、使いこなすには慣れとコツが必要です。ビクターは"Tungs-Tone" Stylus、HMV は"The Tungstyle" needle と表記しました。

タングステン針の拡大図

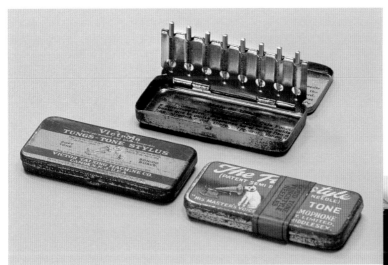

ビクター (左)とHMV(右)のタングステン針とケース

使用済みの針を捨てるカップの両側がタングステン針ケースを挿すところ。

「鉄針は1本でレコード1面」が原則

　鉄針は、レコード1面に対して1本です。かけ終わった針の尖端を見ると、かならず片減りしています。もともと円錐状だったものに「面」ができる。これが、音が歪む原因になりますし、レコードを傷めてしまいます。もったいないと思わずに、1面かけたら捨てましょう。

　参考までに、日本ビクターが自社製品につけた説明書から該当部分を紹介します。

　「針はレコード片面演奏毎に必ず御取換え下さる様お願いします。若し一度御使用になった針を御使用になりますと音質が悪くなるばかりかレコードを大変痛めることになります。一度レコードの音溝を痛めますとそれ以後はどんなよい蓄音器で演奏しても良い音を楽しむことは出来ません」

　「鉄針はレコード1面に1本」が原則ですが、1本で何面もかけられるマルチ針もあります。原材料の配合を変えたり、クローム鋼を使うことで、硬度を高めて針の摩耗を減らそうという試みです。多くは1本で10面と表示してありますが、10面を音が歪むことなくかけられるかどうかはわかりません。ただし、オートチェンジャーのプレーヤーを使うときには便利だと思います。

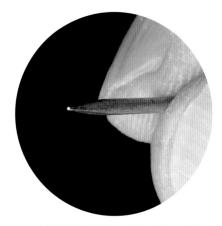

レコードをかけたあとの針先。面ができているために光っている。

マルチ針いろいろ。6回、10回、25回など回数はさまざま。

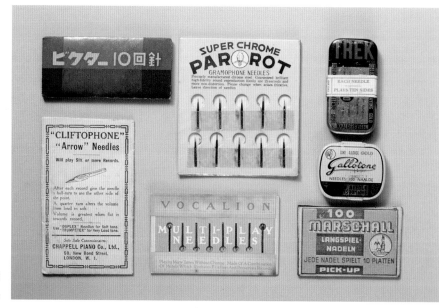

竹針の使い方

竹針は断面が三角形で、針先が斜めにカットされています。そのとがった部分がレコードの溝にあたるように、サウンドボックスの三角の穴に差し込んで、ネジで軽く締めます。レコードの1面をかけ終わったら、針を抜いて専用のカッターで切ります。カッターも針を差し込む穴の部分が三角形になっているので、角度を合わせて奥まで入れて、一気に切ります。針を抜いて切断面がシャープに切れているか、確認してください。

竹針のよいところは、鉄針とちがって1本で何回も使えることです。上手に切れば、1本で最低10面くらいは使えます。演奏の途中で音が歪んだ場合は、針先がつぶれているので、すみやかに針をあげてください。

サウンドボックスに正しくセットされた竹針が盤に下りた状態。尖端の位置に注意。

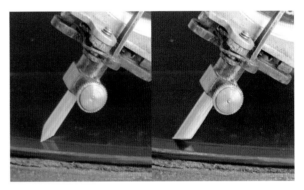

まちがってセットされた状態。針の先端が下を向いていない。

> ### EMG竹針の作り方
>
> EMGおよびExpertは自社の蓄音機の再生には竹針もしくはソーン針を推奨し、もちろん竹針も発売していました。E.M.ジンの息子ジョーは、まさに「家内工業」だったと、竹針の作り方を次のように回想しています。「直径1〜 2.5インチの竹を、長さ11/8インチ(約28ミリ)に輪切りにする。それを縦に半分にし、それから、三角に切り落としていく。こうしてできた三角の竹を、三角形の溝を彫った堅い板に入れて鉋で仕上げ、50本ずつ袋詰めする」
>
> 最初は切っただけだったが、のちに、「台所のストーヴの上で、ひどい臭いの茶色の液体で煮た」とのこと。材料の竹は父親が近くの輸入材木店で買い求めていたようです。

竹針カッターの使い方

　カッターの種類はさまざまありますが、鋏タイプが一般的です。針を入れる方向が決まっているので、注意してください。左手で針を、右手で鋏を持ち、鋏の三角穴のいちばん奥まで針を差し込んで、切ります。「パチン！」と切れたら、OK。ぐずぐず……という柔らかい感触の場合は、演奏の早い段階で、針先がつぶれてしまうことが多いので、使わないほうが無難です。

　また、切った竹針の先にヒゲ（竹の繊維）が残るようでしたら、刃の研ぎ直しを含むカッターの調整が必要です。

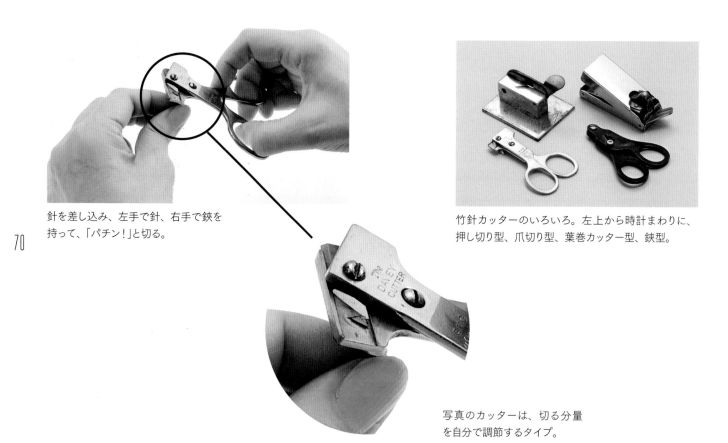

針を差し込み、左手で針、右手で鋏を持って、「パチン！」と切る。

竹針カッターのいろいろ。左上から時計まわりに、押し切り型、爪切り型、葉巻カッター型、鋏型。

写真のカッターは、切る分量を自分で調節するタイプ。

ソーン針（サボテン針）の使い方

　ソーン針の使い方は、鉄針と同じです。ちがいは、竹針と同様に1本の針で何度も使用できることです。竹針は尖端を切って再使用しますが、ソーン針の場合は尖端を研いで使います。

　シャープナーという専用の研ぎ機は、形はさまざまですが原理は同じ。針を回転させてサンドペーパー（または砥石）で砥ぎます。当時の製品を使用する場合でも、サンドペーパーは消耗品ですから、あらたに用意してください。240番、320番あたりがおすすめですが、ご自分で試してみてください。ソーン針1本で20面は使えると思います。

ソーン・シャープナーの一例。このように
針をセットし、ディスクを回して砥ぐ。

FAQ

11◎針は、入手できなくなる？

　鉄針は現在も日本や欧米で製造されているので、ネット通販で購入できます。数十年前のオリジナルの針も、ときどきケース(針缶)に入った状態で市場に出てきますので、鉄針については心配ないと思います。

12◎古い針でも使ってOK？

　針が入っているケース(針缶)が未開封の場合は、未使用と考えていいでしょう。ただし、針先が錆びていないかどうかを確認する必要があります。軸の部分が少し濁った程度の錆ならば、問題ありません。

　すでにケースが開封されている場合は、1本1本確認してください。また、中身の針とケースの表示がちがっていることもあるので、要注意です。

13◎未使用か、使用済みか、どうやって見分ける？

　鉄針の場合、未使用の針は尖端が円錐形です。使用済みの針は、尖端の一部が面になっています。針をゆっくり回してみると、キラリと光る瞬間があることでわかります。もしくはルーペで見ると一目瞭然です。

14◎古い竹針は使える？

　鉄針と同じく、竹針も古いものをよく見かけます。鉄針と違って、ケースが未開封かどうかは関係ありません。長い間に竹の性が抜けてしまっていたり、竹針が湿気で柔らかくなっている場合は使えません。カッターで切ってみればすぐにわかります。抵抗なくするっと切れるようではだめで、切るときに抵抗を感じるくらいだと使えます。自信がないときは、実際に使ってみてください。すぐに音が歪むようなら使えませんので、針をあげてください。

蓄音機でアイフォンを聴く方法

　いまや現代生活の一部となった感のあるアイフォン、音楽もこれで聴いている人も多いと思います。そのアイフォンを蓄音機で聴く方法を教えます。

　蓄音機はポータブル、ホーン型、卓上型、フロア型、いずれもOKです。ただし、シリンダー型とリュミエールなどの特殊なものでは聴けきません。

　用意するものは、どんぐり型ブルートゥース・スピーカー。シリコンゴム製漏斗。この２つだけです。手順は次のとおり。

　1. 蓄音機のトーンアームからサウンドボックスをはずします。

　2. どんぐり型ブルートゥース・スピーカーに漏斗をかぶせます。

　3. 漏斗の先をトーンアームに接続します。

　4. アイフォンとスピーカーをペアリングさせます。

　5. アイフォンから音を飛ばすと、蓄音機のホーンから音楽が流れます。

　ゴム製漏斗を入手できない場合は、ペットボトルの先端部を加工すれば代用できます。トーンアーム先端の直径はメーカーや機種によってちがいますが、ゴムだと対応しやすいでしょう。接続部分の隙間をなくして音漏れを防ぐことがポイントです。

どんぐりスピーカーにゴム製漏斗を被せる。

トーンアームからサウンドボックスをはずし、漏斗の先を差し込む。

SPレコードの原料

　インドやタイに生息するラックカイガラムシから分泌される液体＝シェラックが、SPレコード
の主原料です(採取するときは固形で、これを精製します)。一般的には、シェラックが全体の
1／3、残り2／3は、パウダー状の石灰、カーボン、コットン繊維、潤滑剤などです。製法は
レコード会社によって異なり、それが盤の特徴となっていました。

　戦前の日本ビクター特約店向けの雑誌に「レコードの原料」と題した解説が掲載されていたの
でご紹介します(筆者は当時の工場総監督)。

　「レコードの原料は、通例、素人が憶断するように護膜やエボナイトではなく、シェラック、
護膜類、諸種の塡料類、及びカーボン・ブラック様の黒色材料などでありまして、インド産、ア
メリカ産、蘭領インド産、及び国産などを用いています。

　これらの組成材料は、まず乾燥され、細粉状に磨りつぶされた後、一定の分量を計って特殊
の装置を施せる混合機に入れて攪拌混和します。混合機から出した粉末状原料は、保熱輪転
機に入れられ、ここで護膜類及びその他の原料が混和されると同時にこれらの一切は一種の練
紛状の軟泥にされる。次いでこの保熱輪転機から他の輪転機(複数)に移され、後者により泥土
状の原料は平面に伸展されて自働廻転運搬機上に搬出されると、この上で今迄加熱されていた
原料は冷却され、更に四角なビスケット形に等分に切られます。このビスケット形原料が、即ち
各自レコード一枚分の分量に当るのです。」

フレーク状のシェラック

回転数について

　SPレコードはほとんどが78回転ですが、最初から78回転に統一されていたわけではありません。コロンビア・レコードには80回転と表示されたものがあり、パテには90回転、さらには120回転までありました。初期の頃には、たとえば70回転など78回転以下のレコードもたくさんあったし、78回転に統一されたあとも、厳密には「78回転前後」のものもありました。これは録音時のカッティング・マシンの速度と精度のせいです。当然のことながら、電気モーターが録音機に使われる前はゼンマイ・モーターだったわけですから(あるいは重りの自由落下による)。

　欧米のコレクターから出たレコードの中には、レーベル面に「77」とか「76」とか書き込んであるものをよく見かけます。

　シンクロナス・モーターが録音に使われるようになってからのエピソードをひとつ。シンクロナスは「交流電気の周波数に同期する」という意味です。つまり50Hz地域(ヨーロッパ、東日本など)では、50Hzに同期するためモーターは1分間に3000回転します。同様に60Hz地域(アメリカ、西日本など)では、60Hzに同期するために1分間に3600回転します。78回転を得るためのギア比は、50Hzの場合は77:2で、60Hzの場合は46:1となりますが、厳密には50Hz地域では77.92、60Hz地域では78.26という回転数になります。ですから78回転といっても、実際には微妙にずれているんですね。

コロンビアの80回転レコード。「SZIGETI」の文字の上に「Speed 80」の表示がみえる。

横振動と縦振動について

　SPレコードは横振動が一般的です。音を溝の左右の動きとして刻みます。音が大きいところは振れ幅が大きく、小さいところは小さく……といった具合に。蓄音機もほとんどメーカー (ブランド)が横振動方式を採用しています。

　これに対して縦振動は、溝の深い／浅いで刻みます。縦振動レコードの代表格は、エジソンとパテです。エジソンの縦振動レコードは「ダイアモンド・ディスク」と呼ばれ、厚さが6mmもあるので、すぐわかります。直径は25cm(30cmも少数あり)。

　パテの縦振動盤は、横振動盤と厚さがほとんどかわりません。レーベルに「PATHÉ」の文字があるときは縦振動が多いので、要注意。光をあてて見れば、盤の溝の様子が一般の横振動盤とちがうことがわかるはずです。さらに、パテ盤はサイズがちょっと変わっています。25cm盤は横振動／縦振動がありますが、17、21、27、29、35、50cm盤は縦振動です。

下から、横振動盤、エジソン「ダイアモンド・ディスク」、パテの縦振動盤

厚さ6mmのエジソン「ダイアモンド・ディスク」

FAQ

15◎ 縦振動盤は一般の蓄音機でもかけられる？

　録音方式が異なるので、エジソンとパテの縦振動盤は一般の蓄音機ではかけられません。同様に、横振動盤はエジソン、パテの蓄音機ではかけられません。なお、3つの方式(横振動、エジソン／パテの縦振動)がかけられる蓄音機も製造されました。縦振動盤用のサウンドボックス(リプロデューサー)も単体で発売されています。

　ちなみに、エジソン盤はダイアモンド針、パテ盤はサファイア針で再生するので、いちいち針を交換しなくてもよいのがメリットです。

16◎ すり減ったレコードを聴きやすくするには？

　よく聴き込んだレコードは盤面が白っぽくなっていることがあります。とりわけ音が大きく入っている部分などがそうなりがちです。丁寧にクリーニングしても、ノイズが残って音が歪むことも多い。

　対処法としては、レコードをよくクリーニングしてから(「クリーニング法は？」80ページ参照)、「いぼた蠟」を塗ると改善されます。いぼた蠟は、いぼたの木に寄生するイボタカイガラムシが分泌する蠟を精製したワックスで昔から使われてきました。結晶部分を切り取った高級品は7,000円以上と安くはありませんが、ひとつあると一生使えます。これを盤面に塗り、ブラシで溝に刷り込むようにします。ノイズが軽減されて、歪みっぽさも緩和され、しかも余分なワックスは針先が取り除いてくれるので便利です。いぼた蠟はネット通販で入手可能です。

17◎ レコードのヒビは修復できる？

　ようやく入手したレコードにヒビが入っていたり、手もちのレコードのヒビに気づくこともあります。ヒビが拡大しないように、あるいは割れてしまわないように、なるべく早めに補修しましょう。

　ヒビの補修には瞬間接着剤を使います。レコード外縁部のヒビ(クラック)の部分に瞬間接着剤をたらす。注意点は、音溝の表面に接着剤が流れないようにすることと、クラックの両側が水

平になるようにすること、この2つです。

18◎レコードの反りは直せる？

　長年アルバムに入ったままだったり、置き方が悪かったりすると、レコードが反ってしまうことがあります。これをもとに戻すには、ズボンプレッサーを使う方法があります。これはレコードを直接ズボンプレッサーに挟むのではなく、2枚の板ガラスをズボンプレッサーで温かくしてから、ガラスを取り出し、その間にレコードを挟んで重しをのせるというものです。反りのはげしいレコードの場合、いきなり重しをのせると割れることがありますので、要注意。

　昭和6年刊の『蓄音機とレコードの撰び方・聴き方』には次のような修復法が書かれています。

　「平らな硝子板か鏡の上にレコードを置いて、埃のかからぬように気をつけて、日向に出して置き、平らになったらそのまま蔭で冷えるまで置く」

　まずは、失敗してもいいレコードで試すことをおすすめします。

19◎何回くらい、かけられる？

　これは、答えるのがむずかしい質問です。SPレコードは、製造された時期、国、レコード会社によって原材料の配合割合が異なり、それぞれ耐久性もちがいます。わたしたちが入手するSPレコードは、どれも新品ではありません。それでも1930年代までの盤、つまりSPレコード全盛期の盤なら、丁寧に扱えばかなりの回数を不満なくかけられると思います。ポイントは「同じレコードを続けて何回もかけない、クリーナーなどで埃をとる、あまり太い針を使わない」などです。竹針を使っている限りほとんどすり減らない、と言う人もいます。

　アメリカでは、1940年代の途中から、軽針圧の電蓄での再生を前提としたレコードが多くなり、そのため溝の幅も狭くなっています。蓄音機で再生するとたちまち白くなってしまいますので、やめたほうがいいでしょう。

20◎収録時間はどれくらい？

　25cm盤で約3分半、30cm盤で約4分半くらいです。30cm盤のなかには中心のレーベル面を小さくしたり、溝の幅を変えて収録時間を長くしたレコード(variable micrograde)もありますが、上記の数字を目安と考えてください。

21◎SPレコードはどこで入手できる？

　いちばん便利なのは、ネット・オークションだと思います。たとえば、ヤフーオークションには常時15,000点以上のSPレコードが出品されています。ebayオークションで検索してみると、10万点以上です。聴いてみたい演奏家、または曲目を入力すればいいので、簡単でとても便利です。うまくいくと安く入手できますが、しっかりした梱包のために送料が高くなり(海外からの場合はとくに)、1枚2枚だと割高になることもあります。割れて届く可能性も排除できません。

　専門店で購入する方法もあります。日本でSPレコードの専門店といえば東京・神田神保町の富士レコードでしょう(SPレコードに限らず)。実際に現物を確認して購入できるので、安心です。通販も行なっているので地方在住の方も便利です。検索してみると、ほかにも通販対応のお店が何軒かヒットします。

　海外には定期的にオークションのカタログを発行してところがいくつかありますので、検索してみるのもよいでしょう。

　他に、アンティーク・フェアや骨董市でもよく見かけますので、こちらも狙い目です。

22◎保管にあたって注意すべきは？

　SPレコードの保管には、縦に並べる方法と横に積む方法があります。縦に並べる方法は1枚1枚引き出せるので便利ですが、垂直ではなく斜めになっていると、知らないうちに反ってしまうことも。レコードアルバムに入れておくのも分類には便利ですが、収納分(たとえば12枚入れなら12枚)入れておかないと隙間のせいで反ってしまうことがあるので、要注意です。

　横に積む方法は反りの心配はしなくていいのですが、聴きたいレコードを取り出すのに不便というか、特定の1枚を取り出すのに、少なくともその上に重ねられたレコードを全部取り出さなくてはいけないというデメリットがあります。

　なお、よく歌詞カードや解説の紙(1枚とか二つ折)がレコードと一緒に袋に入っていることがありますが、長い間にレコードの重みで紙の厚さ分だけ盤面がへこむこともあるので、注意が必要です。昔のコレクターは(いまも？)、ときどき置く位置を変えたそうです。

　レコードは湿気と直射日光を嫌います。湿気の多いところは避けましょう。うっかり日向に置いておくと反ってしまいます。1枚1枚の収納は紙のスリーヴがいいと思います。紙は適度に湿度を調節することに適しています。

23◎クリーニング法は？

　入手したレコードはかならずしも美品とは限りません。長い間放置されたままのレコードは、埃が堆積したり、カビが生えていることもめずらしくありません。そんなときは、再生する前にクリーニングする必要があります。筆者のクリーニング法はつぎのとおりです。

　大きなたらい(直径40cmあるいはそれ以上)にぬるま湯をはります。着古したTシャツなど木綿の布を用意し、ぬるま湯で濡らして、固形石鹸をつけます。左手でレコードを持ち(親指で周縁部を、中指・薬指でレーベル部分を下から支える)、レコードをお湯で濡らしながら、石鹸のついた布でこすって汚れを落とします。これを両面に行なってから、ざっと濯いでいったん取り出します。たらいのお湯を捨てて、あらたにお湯をはりなおします。石鹸のついていない布を用意し、お湯を入れながらレコードを十分に濯いでから、タオルの上に置き、別の乾いた布(やはりTシャツなど)で十分に水分を拭き取ります。

　1枚ずつ、お湯を入れ換える必要はありません。汚れ具合をみながらお湯を換えてください。メーカーにもよりますが、さっとお湯をかけるくらいではレーベル面の紙がはがれたり、色が落ちたりはしません。ご心配なく。

　専用のレコード洗浄機も発売されています。これらはLPレコードを前提としたものですが、もちろんSPレコードにも使えます。ただし、値段は安くありません。

24◎LPレコードは蓄音機でかけられる？

　かけられません。LPレコードは回転数が33回転で片面約25分再生できます。材質はビニールで、柔らかい。SPレコードにくらべて溝の幅も狭く、レコードにかかる針圧も2〜3ｇ程度を前提につくられています。そのLPレコードを蓄音機のターンテーブルにのせて針圧100ｇをこえるサウンドボックスを下ろすと、どうなるでしょう？　やってみたことはないのですが、深く傷をつけてすぐに止まってしまうと思います。

25◎「SPレコード」という名の由来は？

　最初はシリンダー・レコードと区別するために「フォノグラフ・レコード」とか「グラモフォン・レコード」といわれたこともありましたが、一般にはシンプルに「レコード」と呼ばれました。

　LP (Long Playing)レコードが登場してから、それと区別するために「SP(Standard Playing)レコード」という呼称が使われるようになりました。ただし、これは日本だけの呼び方で、英語で

は「シェラック・ディスク (Shellac disc / record)」あるいは「78 record」といいます。シェラックはSPレコードの主原料、78は回転数からきています。

ビートルズのＳＰレコード
"I saw her standing there"
(H. Komoda collection)

26◉ いつ頃まで発売された？

　　　　　LPレコードは1948年に登場しますが、いきなりSPレコードがLPレコードやEP盤に置き換わったわけではなく、しばらくは併売が続きました。ちょうど、CDが登場してもしばらくはLPレコードが発売されたのと同様です。

　　　　　それでも1950年代後半になると、発売されるSPレコードも限られてきます。日本では水原弘の『黒い花びら』が1959年、ザ・ピーナッツのものも1960年に3枚発売されました。インドではビートルズのSPレコードが1963年から1965年にかけて30点も発売されています。これは、おそらく、当時のインドのインフラ事情を反映してのことですね。またアメリカでも、プレスリーのSPレコードが州によってはドーナツ盤よりも売れたところがありました。これもプレーヤーの普及率が関係していると思います。

27◉ 全部で何枚くらい製造された？

　　　おおまかに、20世紀前半の50年間はSPレコードの時代と言うことができます。この間に世界中であらゆる音楽が(音楽以外も)レコードに記録されたわけですが、国ごとの統計があるわけではありません。とりあえず、手元資料による日本の生産量をあげてみます。日本でSPレコードの生産が始まるのが明治42年(1909)で19万枚、3年後の明治45年に130万枚、昭和4年(1929)に1,000万枚をこえ、昭和11年(1936)に2,900万枚を突破。翌年から減っていきますが、それでも終戦翌年の昭和21年(1946)には340万枚、その2年後にふたたび1,000万枚を超えています。LPが登場したあとは急激に減少しますが、およそ50年の間に3億5,000万枚以上は生産されたと思われます。

　　　1901年のイギリス・グラモフォン社(HMV)の広告には「年間300万枚のレコードを世界中に販売している」とあります。ドイツ・グラモフォン社は1908年に年間620万枚を生産、アメリカ・ビクター社は1900年から1941年の42年間におよそ12億6,000万枚を売り上げたという記録があります。世界中のレコード会社の数を考えると数十億枚、あるいはもっとたくさんのSPレコードが製造されたと考えていいと思います。

世界一小さなレコード

SPレコードは25cm(10インチ)と30cm(12インチ)が標準ですが、ここに落ち着くまでにはさまざまなサイズの盤が製造されました。最大のレコードはフランス・パテの50cm盤です。最小のレコードは直径が約3.3cmのHMV盤です。

このレコードは、1924年にロンドンで開かれた大英帝国博覧会で展示された「クイーン・メアリー・ドールハウス(人形の家)」のために製作されました。ドールハウスといっても世界最大、すべて1/12のスケールで作られた、大きな邸です。ここに当時のイギリスのメーカーや職人が自社の製品を1/12のサイズに縮小して納めたわけです。家具、カーペット、カーテン、照明、食器、書籍、楽器、自転車、自動車、武具、スポーツ用具、ワインなどなど、邸にあるべきものすべてです。

蓄音機とレコードはHMVが担当しました。蓄音機はアップライト型の200号をモデルに製作され、クランクの位置が通常とは異なる以外は精巧なミニチュアです。蓋の内側にはトレードマークが描かれていますが、これもシールではありません。原画を描いたフランシス・バロードに担当させるという念の入れようです。

さらに、そのためのレコードも6枚作られました。6曲が録音され(いずれも管楽四重奏)、特別に製作されたアルバムに入れられて蓄音機と一緒に納品されました。展覧会の記念として、そのうちの1枚"God Save the King"が発売され、記録によれば35,000枚も売れたとのことです。しかし残念ながら、今日市場で見かけることはめったになく、コレクター垂涎の1枚です。

現在、この蓄音機とレコードは、ロンドン郊外のウィンザー城内に展示されているドールハウスの中に置かれています。何しろ世界最大のドールハウスですから、見学者は建物を取り囲むように見ることになります。筆者も20年ほど前に行って見てきました。部屋もたくさん、ものもたくさんで、見つけ出すのに苦労しましたが、蓄音機とレコードアルバムは、確かにありました。置かれていたのが応接間のような立派な部屋でなかったのを残念に思った記憶があります。

なお、Queen Mary's Dolls' House のサイトで "gramophone"を検索すると、この蓄音機の鮮明な画像が見られます。ターンテーブルの上には世界最小のレコードがのせられ、針も下りています。どんな音がするのか、ぜひ聴いてみたいものです。

世界一小さなレコードとスリーヴ
(M. Sugizaki collection)

世界一小さなレコードをかけるために作られ
た蓄音機。レコードと一緒にドールハウスに
納められた。高さ約10.5cm。(1924年の大
英帝国博覧会で販売された絵葉書より)

ほぼ
実物大

II- 6　シリンダー型蓄音機の各部の名称

　ディスク型蓄音機の操作手順に続いて、シリンダー型蓄音機の操作手順に移ります。日本では、ディスク型蓄音機にくらべて目にする機会も少なく、音楽ソフトの入手も難しいということから、シリンダー型蓄音機はなかなか普及しませんが、その原初的な音は、過去からの電話のような不思議な魅力を持っています。ここでは、シリンダー型蓄音機の代名詞、エジソンを例に解説します。

　まずは、蓄音機のイラストと各部の名称をあげておきます。エジソンのシリンダー型蓄音機には「スタンダード」「ホーム」「ジェム」「ファイアーサイド」「トライアンフ」などがありますが、基本構造は同じです（「オペラ」は機構が異なるので除外）。

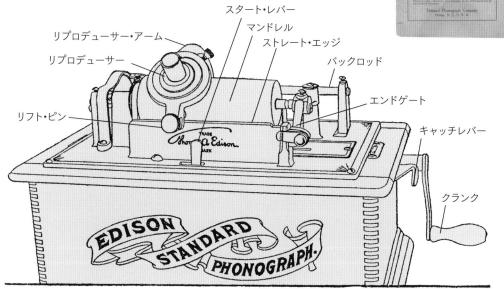

「エジソン・スタンダード」の取扱説明書(1905年)より

シリンダーは、筒状のレコードです。表面に触れないでください。

ディスク型蓄音機とちがって、針の交換は不要です。

では、当時の操作マニュアルを参考に手順を示します。100年以上前の人になった気分で操作してみましょう。各部の名称は、左ページの図を参照してください。

❶リプロデューサー・アームのリフト・ピンがストレート・エッジの上に乗っていることを確認する

「ホーム」と「トライアンフ」はリフト・ピンではなく、リフト・レバーのタイプ

❷ ゼンマイを巻く

❸ エンドゲートを開ける

矢印の方向に押し開いてください。

❹ シリンダー (筒状のレコード)を
ケースから取り出す

このときシリンダーの表面に直接触らないように注意してくださ
い。右手の人差し指と中指をシリンダーに入れて、指をひろげて
保持しながら、抜きます。

❺ 取り出したシリンダーを
マンドレルにセットする

　このときシリンダー外縁部の文字がかならず右側にあることを確認してください。シリンダーの内側はテーパー（片側が広く、反対側が狭い）になっているので、逆向きに入れようとすると、シリンダーを壊してしまいます。

❻ マンドレルにセットしたシリンダー
がガタつかないように、
しっかり左に押す

　レコードは左から右方向に再生されます。押し込みすぎるとシリンダーを破損しかねませんので、ほどほどに。押し込んだら、エンドゲートを閉じます。経年による変形でシリンダーが入りきらないときは、無理をしないで、あきらめましょう。

❼スタート・レバーを左に動かすと、
シリンダーが回りだす

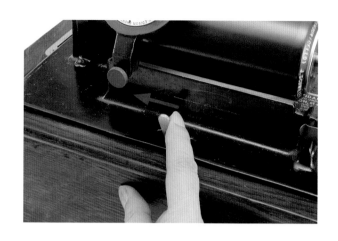

❽リフト・ピンを持ちあげて、
リプロデューサー・アームを
左にスライドさせる

　シリンダーの音溝が始まるあたりに見当をつけて、リフト・ピンを持って、静かに針を下ろすと、演奏がはじまります。

❾ 演奏が終わったら、
リフト・ピンを持ち上げて押し、
ストレート・エッジの上に乗せる

❿ スタート・レバーを右に動かして、
シリンダーの回転を止める

⓫ 左手の指3本で、
シリンダーの端を右に押す

⓬ エンドゲートを開いて、
シリンダーを押し出す

⓭ セットしたときと同じように、
右手の2本の指で
シリンダーを取り出し、
ケースに収納して、
エンドゲートを閉じる

エジソンのシリンダー型蓄音機の注意事項

シリンダーをマンドレルにセットしたままにしないこと。

エジソンのシリンダー型蓄音機はホーンをセットした状態のたたずまいがいいので、ついそのままにしがちです。しかし、ギアが露出している部分もあるので、埃の付着・堆積を防ぐためにも、使用しないときはホーンをはずして蓋をかぶせておくことをおすすめします。

エジソンのシリンダーには、収録時間が2分と4分の2種類があります。蓄音機も2分専用、2分／4分兼用、4分専用とあります。2分専用の蓄音機では4分のシリンダーは演奏できませんし、4分専用機で2分のシリンダーは再生できません。2分用のリプロデューサー（「モデルC」が一般的)で4分シリンダーは再生できませんが、サファイア針の4分用のリプロデューサー（「モデルH」が一般的)は2分シリンダーも再生できます。2分用と4分用のふたつの針がついた「モデルK」というのもあります。

兼用機の場合は、セットするシリンダーが2分か4分かを確認しておく必要があります(たいてい本体の左に、2分／4分の切り替えのつまみがあります)。

FAQ

28◎ シリンダー・レコードの構造は？

　シリンダー・レコード(以下、シリンダー)は円筒形で表面に信号が記録されています。よく見ると記録されていない余白はつるつるしていることがわかります。一方の端に文字情報があり、曲名、演奏家名、レコード番号、ブランド名が刻まれています。

　筒の内径は文字がないほうが若干広く、文字のある出口がいちばん狭くなっています。シリンダーをセットするマンドレルも左側が太く右に行くにしたがって細くなっています(これをテーパー状といいます)。シリンダーをマンドレルにぴったりとセットするためです。

29◎ 2分用シリンダー／4分用シリンダーの見分け方は？

　2分用のシリンダーはいわゆる「蠟管」とよばれ、主原料は蠟(ワックス)、色は黒がほとんどです。4分用シリンダーの多くは青で「ブルー・アンベロール」と呼ばれます。セルロイドが主原料です。黒い4分用シリンダーもありますが、縁に「4-M」の表示があります。2分用、4分用シリンダーの写真を掲載しました。

30◎ エジソンのシリンダー型蓄音機は録音機にもなる？

　エジソンはホーム・レコーディングができるように作られています。

　手順を簡単に示します。まず、本体からリプロデューサーをはずし、かわりにレコーダーをセットします。マンドレルに録音されていないシリンダー(ブランク・シリンダー)をセットしてから、ゼンマイを巻き、レコーダーにホーンを取り付けたら、レコーダーの刃先をシリンダーに下ろし、ホーンに向かって演奏すると録音できます。録音時間は約2分です。

　リプロデューサーを元に戻してホーンをつけ、ゼンマイを巻いて針を

エジソン・シリンダー。表面に溝が刻まれているのがわかる。右側の縁に文字情報がみえる。

黒い2分用(左)と青い4分用(右)のシリンダー。後ろは保管用ケース。ケースと中身がちがっていることが多いので確認が必要。

リプロデューサー（左側）とレコーダー（右側）。
周縁にそれぞれ「REPRODUCER」「RECORDER」の
文字が読み取れる。

オリジナルのブランク・シリンダー。
ケースに「EDISON BLANK」とある。

下ろすと、再生されます。

　シリンダーを温めておくとか、録音がはじまるとシリンダーから大量の
ワックス屑が出るので吹き飛ばすなど、工夫や注意が必要ですが、音が
出ると感動します。

　録音済みのシリンダーは、シェーバーで削って表面をつるつるにすれ
ば、何度か再使用できます。

　なお、エジソン・レコーダーはネット・オークションなどで入手可能で
す。またブランク・シリンダーは現在もイギリスとアメリカで製造されてい
るので、新品を入手できます（"blank cylinder"で検索するとヒットしま
す）。

　シェーバーには、蓄音機に取り付けるタイプと専用機がありました。

　参考までにリプロデューサー（エジソン・モデルC）とレコーダー、それ
とエジソンのブランク・シリンダーの写真を掲載しました。シリンダー表
面の斑点のようなものは経年による劣化です。

31◎シリンダー・レコードは現在も製造されている？

　イギリスのVulcan Recordsという会社がシリンダー・レコードを製造
しています。復刻ものが中心ですが、オリジナル録音もあります。シリン
ダーの材料はプラスチック。もちろん通販で購入できます。さらに、音
源を送ればオリジナルのシリンダー・レコードを作ってくれるので、興味
のある方は検索してみてください。

谷崎潤一郎と蓄音機

　谷崎潤一郎に『異端者の悲み』(阿蘭陀書房、大正6年)という作品があります。日本橋八丁堀の裏長屋に、両親と肺病(結核)の妹・お富の4人で暮らす大学生・章三郎の鬱屈した日々を描いたもので、著者は「序」で自叙伝小説と書いています。

　ここに、蓄音機が登場します。もちろん小説なのですが、当時、日本の一般家庭で蓄音機がどのように扱われていたのかを知る記録として読んでも、おもしろい。以下、本文を引用しながら紹介します。

　お富の頼みで母親が近くの叔父から借りて来た蓄音機が、一家の住む長屋に置いてあります。

　「箪笥の上に、棒縞の風呂敷を被せた四角な品物の載つて居るのが、蓄音機らしい格好をしていた」とありますから卓上型、時代的にはニッポノフォンの卓上型ニッポノラあたりでしょうか。

この家で、蓄音機を操作していたのは章三郎の妹のお富だけで、まだ容態が重くなかった頃は、「一閑張の机の上に機械を載せて時々母に弾篠（ゼンマイ）を捲かせつつ、彼女は自ら針の附け換えに任じたり、音譜を圓盤に嵌めたりした」（谷崎はレコードを「音譜」、ターンテーブルを「圓盤」と書いています）。

　そばで聴いている両親を章三郎は次のようにみています。

　「病人の為めに借りて来た物が、却つて親達の慰みに使はれるやうな観を呈して、肝腎な娘は機械を取り扱ふ技師に過ぎない場合があつた。二十枚ばかりのレコオドを毎晩飽きずに繰り返して、始終娘が針を附けるのを見て居ながら、親父もお袋も一向に其の技術を覚えようとはせず、初手から危がつて手にだに触れなかつた。傷々しく痩せ干涸らびた病人の少女が、……静かに圓盤を廻して居ると、其の傍らに父と母とが頭を垂れて謹聴して居る光景はどう考へても一種の奇観であつた」

　これまで存在しなかったものが突然家庭に入ってきたときのこういう振る舞いは、よくわかります。

　章三郎が蓄音機を二階の自室に持ち込もうとしたのは、妹の容態が悪くなり、蓄音機を操作できなくなって箪笥の上に置かれてからです。母や妹の反対を押し切って持ち込んだものの、「今迄蓄音機と云う物を扱つたことがないのである。大概分るだらうとたかを括つて居たものの、さて実際にあたつてみると、案外面倒なものらしく、なかなか思ふやうに機械が動いてくれなかつた」「かあツとなつて、遮二無二機械を廻さうと焦り出したが、何か組み立てを誤まつたものか、どうしても針が具合よく音譜の上を走らなかつた。ほつと暑苦しい溜息をついて、額の汗を手の甲で擦りながら、恨めしさうに機械を眺めて居るうちに、彼は溜らなく悲しくなつて涙が一杯に眼に浮かんだ」

　たぶん、クランクをうまく嵌めることができなかったのでしょう。きちんと嵌らないからゼンマイを捲けず、いらいらしている様子が見えるようです。

　そして、こう続けます。

　「彼は再び猛然として、一旦持てあました機械の組み立てに取り掛かつた。すると今度はどう云う弾みか、好い塩梅に針が滑りそうなので、『清元北洲、新橋藝奴小しづ』と書いてある音譜を掛けて鳴らし始めた。……そらどうだ。蓄音機ぐらい誰にだつて掛けられるんだ。態あ見やがれ」と痛快な気分になって聴いていると、「だんだん響きが悪くなつて、出し抜けに圓盤が止まつてしま

つた。其れは弾條が極度に弛んで居たせいであるが、章三郎には一向原因が分からなかつた。試めしに弾條を五六回ばかり、恐る恐る捲いて見ると、音譜は牛の呻るやうな奇聲を發して、少し動いて直ぐに又止まつてしまふ」

はじめてなので、どのくらい捲いていいものか、加減がわかりません。さらに、

「焼けを起して、機械をがたんがたんと乱暴に揺り動かした」

蓄音機がかわいそうです。

ぜんまいを充分に捲いていないから、という妹の助言に、「充分に捲いてあるんだつてば」といいながら「どうせ機械を壊した積りで、ぐいぐいと滅茶苦茶にねぢを捲き上げると、不思議や次第に圓盤がするする廻転し始めて、再び生き生きとした小しづの美音が、四隣へ凛々と鳴り渡った」

ずいぶんと乱暴な扱いですが、以上が章三郎がはじめて蓄音機を操作したときの顚末です。

では、妹は最初から説明抜きで操作できたのかというとそうではなく、母親が借りてくるときに、「針の附け方だの弾條の捲き方だのを、事々しく説明して」もらってきたのでした。

ついでに、小説に出てくるレコードのことにも触れておきます。蓄音機と一緒に借りてきた盤はすべて邦楽で、引用した清元以外に、義太夫(呂昇の『壺坂』)、長唄(伊十郎、音蔵)、常磐津、落語(小さんの『千早振る』)などが出てきます。なお、貸してくれなかったレコードもあり、「一番大切にして居る小三郎の綱館や、林中の乗合船のレコオドなどは、わざと隠して渡さなかった」とあります。

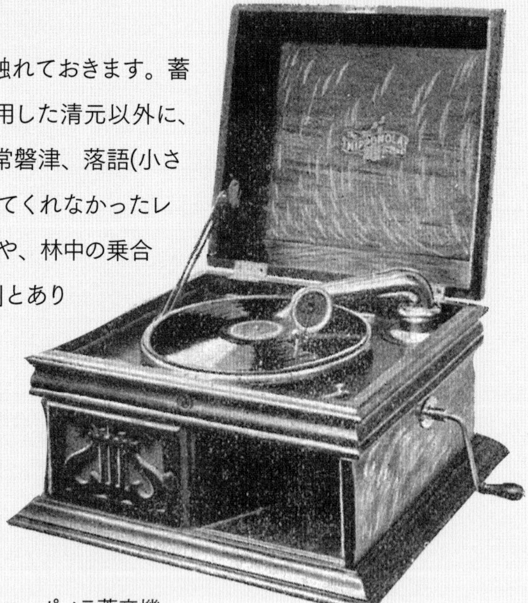

ニッポノラ蓄音機

蓄音機の日常の手入れは、アンティーク家具の手入れと同様に考えてください。

つまり、ふだんは木製部分を乾拭きし、たまにワックスで磨く。キャビネットの材質はオーク、マホガニー、ウォルナットがほとんどなので、その色に合わせたアンティーク家具用ワックスを用意しておきましょう。

金属部分は液体またはペースト状の研磨剤で磨くと輝くようにきれいになります。ただし、この研磨剤はニッケルメッキ、クロームメッキ、真鍮などの金属にはいいのですが、金メッキや銀メッキをほどこしたものには使ってはいけません。メッキが剥がれてしまいます。塗装した金属にも禁物です。

ポータブル型蓄音機のケースは、合成皮革がほとんどです。水気をよく絞った布で拭いておくくらいで十分ですが、革製品用のワックスで使えるものもあります。筆者はドイツの「ラナパー」というワックスを使っています。

蓄音機は、梅雨時の湿度と冬場の乾燥が苦手です。湿度の高い部屋に長い間放置しておくと、蓋の内側やターンテーブルのフェルト、扉の内側にカビが発生しやすいので、除湿器の使用をおすすめします。

冬場は逆に極度に乾燥するので要注意です。乾燥しすぎると、木部が反ったり、ベニア(突き板)が剥がれ

蓄音機の手入れ
梅雨時の湿度と冬場の乾燥が苦手

ることもあります。過乾燥を防ぐために加湿器の使用をおすすめします。

夏は除湿器、冬は加湿器と覚えておきましょう。

ゼンマイ・モーター部分への注油は、図を参考にしてください。注油については、さほど神経質になる必要はありません。一年に一回くらいでいいと思います。できればグリースとミシン油の2種類を用意し、回転の緩慢な部分にはグリースを、急速な部分にはミシン油をという具合に使い分けてください。

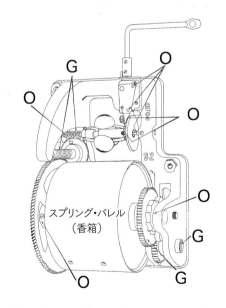

注油とグリースのポイント(O=オイル、G=グリース)

アメリカの蓄音機は
なぜ末尾に-olaとつくのが多いのか

　ビクターが自社の蓄音機の名前をそれまでのビクター (Victor)からビクトローラ(Victrola)と変えたのは、1906年のホーン内蔵型から。創業者エルドリッジ・ジョンソンは、この造語を弦楽器のViolaからとったと語っていますが、実際にはPianolaからヒントを得たようです。

　19世紀末から20世紀初頭にかけて、プレーヤー・ピアノ(自動演奏ピアノ)はアメリカやヨーロッパで大流行しました。その最大のメーカーがエオリアン社で、製品名がPianola(ピアノラ)。エオリアン社の商標だったPianolaは、やがてプレーヤー・ピアノ一般を指すまでになりました(厳密には自動演奏機能を組み込んだものがプレーヤー・ピアノで、演奏機能のみでピアノの前に置くタイプはピアノ・プレーヤーとよびます。エオリアン社はもちろん両方製造)。

　Victorと-olaをつなげるとVictrolaになります。ビクターの蓄音機つまりVictrolaが普及するにつれ、Victrolaといえば蓄音機のことになり、後続のメーカーには-olaとつく蓄音機が多くなりました。

　いくつか例を挙げますと、Americanola, Artofola, Cirola, Concertola, Davenola, Embrola, Eufonola, Harmonola, Maestrola, Magnola, Modernola, Oranola, Playnola, Steinola, Vitanola, Westrola, etc. ざっと調べただけでも40以上もあります。何しろライバル・メーカーのコロンビアがGrafonola、エジソンもAmberolaとしているくらいです。それほど、末尾に-olaをつけるだけで蓄音機を想起させたのでしょう。

　エオリアン社は1915年になって蓄音機市場に参入しますが、同社の蓄音機に組み込んだ音質・音量調節機能をGraduolaと名づけています。

Ⅲ章

主なブランド紹介

Popular Gramophone Brands

世界中でどれくらいの蓄音機のブランドがあったのでしょうか。アメリカでは、ビクター、コロンビア、エジソン、ブランズウィックなどのビッグネームを含め260余りが数えられています。これほど多い理由として、1920年頃までに蓄音機の基本特許が切れ、だれでも蓄音機の産業に参入できたことがあげられます。蓄音機は構造がシンプルなので、ゼンマイ・モーター、トーンアーム、サウンドボックス、ホーンをキャビネットに組み込めば、音の良し悪しはともかく作ることができました。家具メーカーはそれまでにもたくさんありましたから、金属部品を調達すればよかったのです。もちろん部品専門メーカーもありました。日本でも同様のことが起こりました。

　ここでは、よく知られたブランドとその製品について、当時の広告やカタログの図版とともに簡単に紹介します。

表記について
蓄音機の製品名・型番は冒頭のキャラリー・ページでは原綴を優先した。それ以外は、原則、カタカナ読みをカッコで挟み、そのあとに原綴を入れた。欧文表記の場合は" "で挟んだが、煩雑な場合は省略した。HMVの製品名はmodel 32、model 163など番号のものがほとんどなので、慣例に従ってmodelの代わりに#も使用した。

エジソン
[アメリカ]

　エジソンが蓄音機を発明したのが1877年、彼はそれを「ティンフォイル・フォノグラフ」(Tinfoil Phonograph)と名付けました。シリンダーに錫箔を巻き、そこに音を刻むと再生できるという科学機械でした。

　彼は、その後しばらく蓄音機から離れ、本格的に参入するのは10年ほどたってからです。シリンダー型蓄音機で先行していたコロンビアに対する闘争心もあったでしょう。エジソンの頭の中では、音楽再生用という用途は優先順位が低く、まず事務用(口述録音)蓄音機、次いでおしゃべり人形、娯楽センター用(コイン式)蓄音機などを手掛けます。その後いわゆる家庭用を発売します。ごく初期の珍しい機種を別にすれば、「ホーム」(1898)、「スタンダード」(1898)、「ジェム」(1899)、「トライアンフ」(1901)、「ファイアーサイド」(1909)という5つのモデルが最もポピュラーです。いずれも外付けホーン型で、model Aからスタートし、改良やホーンの変更に伴い、model B, C, D……となっていきます。

　1908年には4分シリンダー・レコードを発売し、それまで2分だった再生時間が倍の4分になりました。再生時間を倍にするために、溝の幅を狭くして、送りのピッチを遅くしたのです。1912年にはシリンダーの材料をワックス(蠟)からセルロイドに変更します。その新しいシリンダーを「ブルー・アンベロール」(Blue Amberol)と名付け、従来のものと区別しました。音を拾うリプロデューサーも、これまでのmodel Cからmodel Hに変更します。発売されたモデルには2分／4分の切り替え機能が付き、2分用・4分用の針をひとつのボディに組み込んだ model Kというリプロデューサーが装備されました。いわいるコンパチブル機です。

　さらに、それまでの2分専用の蓄音機で4分も再生できるようにするコンビネーション・アタッチメントを発売し、旧モデルのユーザーの便宜を図りました。1911年頃からは4分専用機も発売します。

　少し時間が遡りますが、1909年にホーン内蔵型も発売しています。このタイプで1906年から先行していたビクターがVictrola（ビクトローラ）シリーズで大きな成功を収めていたということがあります。コロンビアはGrafonola（グラフォノーラ）シリーズで続いていました。エジソンのホーン内蔵型がAmberola（アンベローラ）と名付けられたのはVictrola を意識してのことでしょう。

　1909年、アップライト型の高級機"Amberola model(A)- I"を発売します。2分／4分兼用機ですが、画期的なメカニズムが搭載されていました。それは、それまでのシリンダー型蓄音機では、マンドレル(シリンダーをセットする筒状の部分)は固定され、リプロデューサーがシリンダーの溝をな

ティンフォイル・フォノグ
ラフの前でポーズをとる
エジソン(1878年)

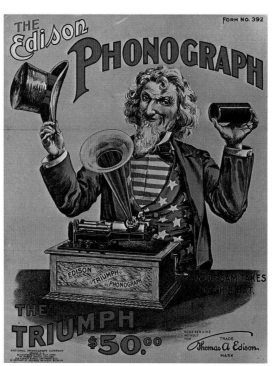

1901年発売
「トライアンフ」
の広告

アメリカの愛国心の象徴である
Uncle Sam(サム叔父さん)を使っ
たのは、蓄音機の名前が「勝利」
だったからか。愛国心に訴えてた
くさん売ろうとしたのかもしれな
い。蓄音機のイラストはほぼ正確
に描かれている。なお、価格の
$50は「スタンダード」の2.5倍。

ぞって動いていたのに対して、これはリプロデューサーが固定でマンドレルが動くというものです。リプロデューサーが固定されたことで音の明瞭度があがり、他のシリンダー型蓄音機とは一線を画す音になりました。

その後、4分専用"Amberola model (B)-I" (1911), "model III" (1912)が発売されますが、以降のアンベローラ・シリーズ (V, VII, X, 30, 50, 75など)はマンドレル固定式に戻ります。マンドレル移動式はメカニズムが複雑で、卓上型などの普及品に組み込むにはコストの面で難しかったというのが理由のひとつとして考えられます。

マンドレル移動式モデルで忘れてはならないのが Edison Opera（オペラ)です(1911)。

外付けホーン型蓄音機の最高級機で、マホガニー・キャビネットに組み込まれた精緻なメカニズムと優美なマホガニー・ホーンが、今も見るものを魅了します。リプロデューサーが固定されているのでホーンも固定でき、それまで大型ホーンには必須だったクレーンもなくなりました。翌12年にオークのバージョンも登場し、1913年にはConcert（コンサート)と名前を変えます。

外付けホーン型でもう一機種、「アイデリア」(Idelia)を紹介しておきます。これはもともとトライアンフの豪華版として1907年に登場しました。マホガニーのキャビネットに、金属部分はまだらのブロンズ仕上げ(この意匠は"Amberola I"に受け継がれます)、キャビネット両脇には持ち上げ用の取っ手が付いています。「オペラ」が「アイデリア」の後継機という位置づけは「オペラ」にも同じ取っ手が付いていることからもわかります。

エジソンのシリンダー型蓄音機を特徴づけているものに、録音機能があります。再生用のリプロデューサーの代わりに録音用のレコーダーをつけ、未録音のろう管(ブランク・シリンダー)をセットしてホーンに向かって演奏すれば、録音ができました。再生時にはもとのリプロデューサーをセットするわけです。録音済みの溝を削ってあらたに録音できる状態にするシェーバーもありました。100年以上も前にすでにホームレコーディングが可能だったわけです。バルトークやコダーイが、これを使って民俗音楽を採集したのは有名な話です。

シリンダー型蓄音機で奮闘を続けたエジソンですが、1912年ついにディスク型蓄音機を発売します。「ダイアモンド・ディスク」(Diamond Disc)と名付けられた縦振動方式の蓄音機です(同じ名称でレコードも発売)。シリンダー型蓄音機が縦振動だったので、その手法をディスクでも踏襲しました。リプロデューサーとホーンが一体となった独特のデザインとトラッキングの構造は、ビクターが持つ

スウィング・アームや内蔵型ホーンの特許を回避した結果でもありました。

　代表的なモデルとして「C-250チッペンデール」(オフィシャル・ラボラトリー・モデル)があります。キャビネット・デザインの違いにより、W-250, A-250、ホーンやモーターのサイズの違いにより、A-150, C-150, A-100などがあり、数字は発売当時の価格を表します。

　第一次世界大戦後の1919年、C-19, H-19, J-19, L-19, S-19という具合に、型番に19をつけて名称を変更します。エジソンのダイアモンド・ディスク蓄音機はダイアモンド・ディスクしか演奏できないため横振動のSP盤が主流となった市場では優位に立つことはありませんでした。

　1926年には演奏時間20分の長時間レコード"long playing"を発売し、1927年には蓄音機発明50年を記念して、「エジソニック」(Edisonic)と名付けたダイアモンド・ディスク蓄音機「シューベルト」と「ベートーヴェン」を発売しますが、起死回生とはなりませんでした。

　1929年、横振動のSP盤再生用のポータブル2機種(P-1,P-2)を発売した後、エジソンは蓄音機とレコードの生産を終了します。縦振動のシリンダー型蓄音機用でスタートしたエジソン最後の蓄音機が、横振動SP盤用モデル(しかもポータブル)だということに、歴史のアイロニーを感じます。

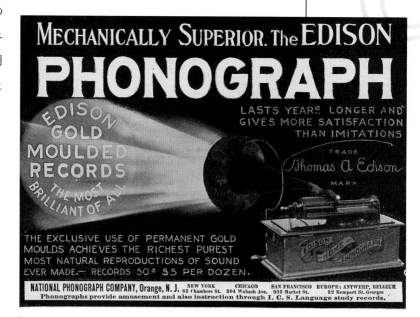

エジソンの広告 (1904年)	イラストの機種は「ホーム」だが、広告のために製品名のバナーを背面に貼ってあり、ちょっと不自然。メカの優秀性とレコード(ろう管)の良さを強調し、音楽に触れていないのがエジソンらしい。

The NEW EDISON DIAMOND DISC PHONOGRAPH

"The Phonograph with a Soul."

NO DIFFERENCE.

Since Mr. Edison made his first Phonograph many years ago, there have been numberless adaptations, each claiming perfection but none without the characteristic gramophone intonation.

It has remained for Mr. Edison, after many years of further research involving countless experiments, to produce the nearest approach to perfection in sound reproducing instruments—the "New Edison Diamond Disc Phonograph," which is something entirely new and apart from any previous production.

The "New Edison" reproduces vocal and instrumental music without distortion, and for the first time it is true to say that the reproduction is no different from the original rendition. This is because Mr. Edison has succeeded in recording the overtones which are necessary to a perfectly natural effect.

It is for this reason that the "New Edison" is appealing to people of musical taste who have hitherto regarded the ordinary gramophone as unworthy of serious consideration.

Instruments from £22 upwards. For nearest Dealer and further information apply to :—

Thomas A. Edison Limited
164, WARDOUR ST.; LONDON, W.1.
TELEPHONE　·　·　·　·　·　REGENT 668.

"LONDON" UPRIGHT. £35

"LONDON" CONSOLE. £45

ダイアモンド・ディスク蓄音機に耳を傾けるエジソン。「聴き比べてください」と音の良さを強調するものの普通のSP盤はかけられないダイアモンド・ディスク専用機だったので売れ行きは望めなかっただろう。イラストはイギリス向けに製造したモデル「ロンドン」2タイプ。このあともエジソンは毎号『グラモフォン』誌に広告を出すが、勝敗はみえていた。

『グラモフォン』誌1923年12月号に掲載された広告

ビクター
［アメリカ］

数年の助走期間を経てビクター社(Victor Talking Machine Company)は1901年10月、エルドリッジ•ジョンソンによって設立されました。"His Master's Voice"の商標とともにトレードマークは、イギリス・グラモフォン社(HMV)と同じ、蓄音機に耳を傾ける犬です。

初期は外付けホーン型蓄音機を発売していましたが、1906年からホーンを内蔵したモデルが登場し、これ以降のビクターの蓄音機はすべて「ビクトローラ」(Victrola)という名称になります。熱心な広告宣伝の効果もあって、アメリカでは「ビクトローラ」が蓄音機の代名詞として定着するほどに普及しました。

そして1925年に始まった電気録音に対応した名機「クレデンザ」(Credenza)を旗艦モデルとするオルソフォニック式蓄音機を続々と登場させます。

ビクターのホーン型蓄音機は0号からVI（6）号までに代表されます。やはり蓄音機はホーンというイメージが強いのか、ホーン内蔵型が主流の時代になっても製造•販売されていました。まさにロングセラー製品です。それ以外のホーン型蓄音機にはモナーク、ローヤル、タイプA, B, C, D, P, Zなどがあります。

ホーン内蔵型の蓄音機にはVVという文字があたえられています。これはVictor Victrola の略で、卓上型はIV, VI, VIII, IX, Xなど、アップライト型はXI, XII, XIV, XVI, XVII, XVIIIなど、いずれもローマ数字の型番が付きます。ただし、番号の若い順に発売されたわけではありません。数字が大きいほど、高級機となります。1921年以降、型番がNo.80, 90, 100, 110, 111, 125, 130などアラビア数字に置き換わっていきます。

それまでビクターは横長のコンソール型は発売していませんでしたが、特約店の要望でようやく1921年以降、210, 215, 220, 230, 240, 260, 280, 300, 330, 400, 405などの型番で売り出します。これ以外にも富裕層を対象とした特注品も手掛けていました。

これらのモデルはいずれも旧吹込み時代の蓄音機です。1909年から1925年までの15年余りのあいだに製造されたいわゆる旧型のビクトローラはなんと470万台以上にものぼります。しかし、ラジオの普及が大きな原因となり1920年を境に売上が激減し、1925年には会社は瀕死の状態となります。

その危機を救ったのが上述した1925年秋に発売された「クレデンザ」でした(同時に、「コロニー」(Colony)、「コンソレット」(Consolette)、「グラナダ」(Granada)の3機種も発売)。これによってビク

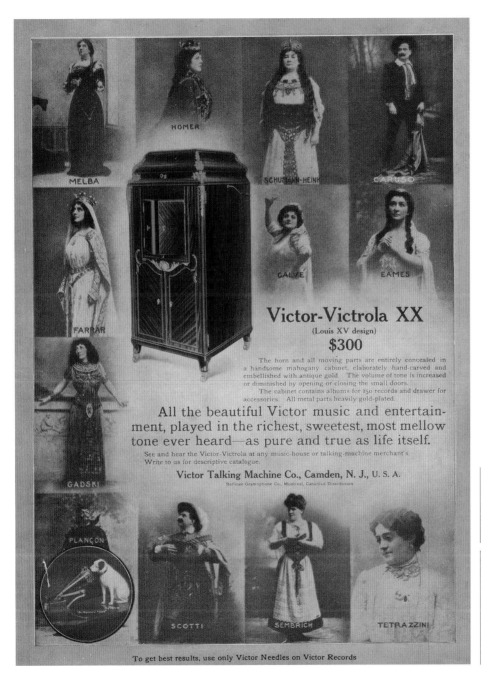

Victrola XXの広告
（1908年）

ルイ15世スタイルの豪華な
デザインで当時最も高額な
モデル。蓄音機の周りをビ
クター専属のオペラ・スター
の写真が名前入りで取り囲
み、高級なイメージを醸し
出している。

ターの業績は文字通りV字回復します。

　この4機種を含め、これ以降に発売された蓄音機は「オルソフォニック・ビクトローラ」と名付けられました。大型の8シリーズ（「クレデンザ」は後にVV8-30となります）、中型の4シリーズ、そして卓上型の1シリーズに分けられます。なかでも卓上型のVV 1-90は傑作として、「クレデンザ」と並び現在でも人気のモデルです。1925年から1927年にかけてラジオを内蔵したタイプを除いて10機種あまりが発売されました。

　1925年以来ビクターにラジオ部分を供給していたRCA (Radio Corp of America)が、1929年に念願だったビクターを手に入れてRCAビクターとなります。その年の秋にはじまる大恐慌とともに蓄音機の生産は終了し、電蓄とラジオの時代へと向かいます。

クリスマスに向けたビクターの広告（1914年）

卓上型とアップライト型計8機種が掲載され、文章には、「ビクター専属のアーティストがクリスマスだけでなく、毎日あなたを楽しませてくれます」という文とともに、カルーソ、メルバ、クライスラー、エルマン、パデレフスキーなどの名前が挙がっている。

Victor Exclusive Talent

The best friends you can have—who cheer you with their music and song, who unfold to you all the beauties of the compositions of the great masters, who through their superb art touch your very heart strings and become to you a wellspring of inspiration.

Painting adapted from the
Chicago Tribune cartoon of John T. McCutcheon

Copyright by
Victor Talking Machine Co., Camden, N. J.

Victrola
"HIS MASTER'S VOICE"

Victrola

ビクターの広告
（1916年1月）

具体的に演奏家の名前もあげることをせず、蓄音機の型番もあげずに1枚の絵で蓄音機で音楽を聴く素晴らしさ、楽しさを表現。ピアノの上にはピアニストが二人、奥のソファにはチェリストが、蓄音機の上と横のテーブルにはヴァイオリニストが、床には役柄の衣裳をまとったオペラ歌手が大勢、右の椅子には有名な作曲家とおぼしきが10人あまり（バッハ、ベートーヴェン、ワーグナー、リスト、ショパン、シューベルト、ブラームス）など。蓄音機はVictrola XVI（16号）。

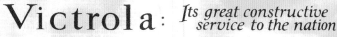

『サタデー・イヴニング・ポスト』
1918年3月23日号に掲載された
見開き広告

さまざまな教育現場で使われている「スクールハウス」をはじめとする蓄音機の写真が載っている。「明日のアメリカ市民をつくる」というコピーが勇ましい。

学校教育に大活躍した蓄音機

　ビクターの教育用蓄音機「スクールハウス」が横浜のミッション・スクールで実際に使われていたことを示す貴重な写真（1918年頃）。アメリカから送られてきた蓄音機が右端にある。女生徒たちは音楽に合わせてポーズをとっている。（写真提供：フェリス女学院歴史資料館）

　ビクターは教育分野への進出にも熱心で、1913年にこのモデルを発売する（「蓄音機ギャラリー」15ページ参照）。小さい頃からビクターの蓄音機に馴染ませておいて将来の顧客を育てるという思惑も、当然ながらあった（左ページ参照）。

日本ビクター

日本ビクターは1927(昭和2)年、アメリカ・ビクターによって設立されました。まずはレコードの生産に着手します。すでに使われなくなっていた旧フォードの組立工場を借り受け、9月の会社設立後2か月半で早くもレコードをプレスできるようになりました。翌年2月には国産プレスによる洋楽レコードが発売されます。

一方、蓄音機は当初アメリカ・ビクターから輸入していましたが、関税が100%とべらぼうだったこともあって国産化をすすめます。国産といっても、ホーンやキャビネットを日本で製作し、これに、アメリカ・ビクター製のサウンドボックスやトーンアーム、ゼンマイ・モーターなど金属部品を組み込む、という方式です。これによって、たとえば、卓上型のVV 1-90を輸入していたときの販売価格が295円だったのに対し、1929年には150円と約半額になりました。

さらに、翌1930年の横浜工場完成により、金属部品も国産化が可能になり、アメリカ・ビクターにはない製品を次々と発売します。卓上型では、J 1-80, J 1-60, J 1-91, J 1-50, J 1-71, J 1-35, J 1-92, J 1-40, J 1-51などがそうです(1930〜36年)。そのほかポータブル型のJ 2-40, J 2-65, J 2-10, J 2-5Bなども発売されました。ずいぶん細かく型番を刻んでいるのは、多くの層に蓄音機を普及させたいという意気込みはもちろんですが(価格は150~35円)、他社とのシェア争いという側面もあったかもしれません。中型機の VV 4-3は国産化されましたが、大型機の「クレデンザ」などは製造されませんでした。

なお、キャビネットやホーンの材料となる木材は大部分北海道産を使用し、日本にはないマホガニー材は、中央アメリカおよびアフリカ産で、アメリカから輸入していたそうです。

販売店向け雑誌
『ビクトロラ』の表紙

蓄音機をはさんだ二
人の女性の、衣装の
コントラストが面白い。

『ビクトロラ』の裏表紙

1-91、1-71、1-50。いずれもアメリカ・ビクターにはない製品。「ビクトローラ」ではなく、「ビクトロラ」の表記に注目。昭和9(1934)年7月。

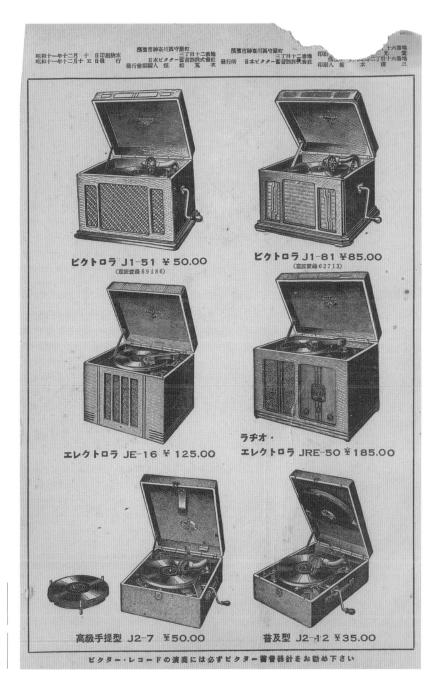

『日本ビクター・レコード總目録』
の裏表紙

卓上型・ポータブル型の間に電蓄
が2機種。昭和11（1936）年12月。

コロンビア
［アメリカ］

コロンビアはエジソンと同じくシリンダー型蓄音機からスタートしましたが、1902年には早くもディスク型蓄音機を発売しています。いわゆるホーン型蓄音機で、コロンビアはシリンダー型蓄音機を"Graphophone"（グラフォフォン）と名付けていましたので、これを"Disc Graphophone"としました。1915年までに26種類も発売しましたから、ビクターよりも多いです。この間の1912年にはシリンダー型蓄音機の製造を中止し、市場から撤退しています。1909年頃からはホーン内蔵型のモデルが登場します。"Grafonola"（グラフォノーラ）と名付けられました。"Victrola"に対抗していることがわかります。

卓上型・フロア型ともにたくさんの種類が発売されましたが、コロンビアの蓄音機を特徴づけたものにホーン開口部に付けられたルーバーがあります。扉の代わりにつけられた2枚〜5枚の板を本体横のノブで開閉して、音量をコントロールするわけです。コロンビアはこれを"Tone Leaves"（音の葉）と名付けました。1912年に登場したこの仕掛けは、1926年までほとんどのモデルに採用されました。

『シアター』誌 1913年1月号に掲載された広告

卓上型やアップライト型は珍しくないが、グランドピアノ型（その名も「グランド」）や、丸テーブルや大きな事務机のようなデザインの蓄音機が興味深い。

もうひとつの特徴は机やテーブルなど家具のようなデザインの蓄音機が多く作られたことです。それらはRegent, Baby Regent, Colonial, Regent Jr. などと名付けられ、蓄音機として使用していないときは家具にしか見えないものでした。グランドピアノの形をしたものもあります。擬態する蓄音機です。さらに"Period Grafonola"と名付けられたシリーズがあります。これはヨーロッパの各時代様式の家具のデザインを取り入れたものです(1917~1923)。アンティーク家具のようなデザインの蓄音機は、コロンビアに限らず各社が出していましたから当時のアメリカの流行とみることもできます。

　ゴシック、エリザベス朝、ルイ16世、アン女王、イタリアン・ルネサンス、ウィリアム＆メアリ……など36種類ものモデルがカタログにありますが、めったに見ることがありません。普通のキャビネット型の蓄音機の3 ～ 10倍以上という高額だったためと思われます。ビクターと違ってコロンビアはキャビネットの工場を持っておらず、全米各地の選りすぐりの家具メーカーに注文してこれらを作らせていました。

　1926年になってコロンビアも電気録音に対応した蓄音機を発売します。"Viva-Tonal"と名付けられ、いずれもフロア型でした。600番台が5機種、700番台が3機種、800番台が2機種。最高級機のmodel 810は、ビクターのクレデンザに対するコロンビアの回答です。価格も同じ$300でした。

文芸誌『リテラリー・ダイジェスト』
1918年6月号に掲載された広告

卓上型3機種を並べて「バケーション・モデル」としたのは、ポータブル蓄音機がないので卓上型をその代わりに売ろうとしたのかもしれない。背景のイラストからもそれが窺える。

The Talking Machine World, New York, November 15, 1925

Columbia

MODEL 580
$350

MODEL 570
$300

MODEL 560
$250

MODEL 550
$200

MODEL 240
$75

MODEL 540
$175

MODEL 530
$150

MODEL 520
$125

MODEL 140
$50

MODEL 460
$200

MODEL 450
$175

MODEL 440
$150

MODEL 420
$100

MODEL 340
$120

MODEL 430
$125

Columbia

Write the Columbia branch or distributor in your territory for full information on the new Columbia line

ATLANTA, GA., 561 WHITEHALL STREET
NEW ORLEANS, LA., 517 CANAL STREET
BOSTON, MASS., 1000 WASHINGTON STREET
CHICAGO, ILL., 430-440 S. WABASH AVENUE
CLEVELAND, OHIO, 1825 E. EIGHTEENTH STREET
CINCINNATI, OHIO, 222 W. FOURTH STREET
DALLAS, TEXAS, 2000 NORTH LAMAR STREET
KANSAS CITY, MO., 804 GRAND AVENUE
ST. LOUIS, MO., 1211 PINE STREET
LOS ANGELES, CAL., 809 S. LOS ANGELES STREET
NEW YORK CITY, 121 W. TWENTIETH STREET
PHILADELPHIA, PA., 40 N. SIXTH STREET
PITTSBURGH, PA., 632 DUQUESNE WAY
SAN FRANCISCO, CAL., 345 BRYANT STREET
BUFFALO, N. Y., 700 MAIN STREET
DETROIT, MICH., 439 E. FORT STREET
MINNEAPOLIS, MINN., 18 N. THIRD STREET
SEATTLE, WASH., 911 WESTERN AVENUE
COLUMBIA WHOLESALERS, Inc.,
  205 W. CAMDEN STREET, BALTIMORE, MD.
TAMPA HARDWARE CO., TAMPA, FLA.
COLUMBIA STORES CO.,
  1608 GLENARM AVENUE, DENVER, COLO.
  221 S. W. TEMPLE, SALT LAKE CITY, UTAH
W. W. KIMBALL CO.,
  WABASH AVENUE AND EAST JACKSON BLVD.,
  CHICAGO, ILL.

COLUMBIA PHONOGRAPH CO., Ltd.,
20 West Front Street   Toronto
COLUMBIA PHONOGRAPH COMPANY,
1819 Broadway   New York

COLUMBIA

『トーキング・マシン・ワールド』1925年11月号に掲載されたコロンビアの1面広告

ポータブルから、アップライト、コンソールまで15機種。当時のラインナップがほぼわかる。詳細は最寄りの支店・代理店へお問い合わせをと、住所が列記してある。

日本
コロムビア

現在の日本コロムビアのもとになる会社が設立されたのは1907（明治40）年。100年以上の歴史を誇る会社です。1910年には国産の蓄音機とレコードを発売しています。朝顔ラッパのニッポノフォン25号、同50号、35号などです（型番は金額、つまり50号は50円）。1912年にはホーン内蔵の小型卓上型（無喇叭（ムラッパ）と称していました）ユーホンを発売します（30円）。このころすでに蓄音機が月産5,000台をこえたというから驚きです（『コロムビア50年史』より）。

昭和になってからは、新製品を次々に発売します。1939（昭和14）年頃までに合わせて約70種類もの蓄音機が送り出されましたが、ほとんどがポータブル型と卓上型でした。

戦後も、資材の乏しいなかで、早くも1945年10月にはポータブル型の製造を開始します。1950年代まで蓄音機の製造は続きましたから、コロムビアは日本で最初に作りはじめて最後まで作り続けたメーカーと言えます。コロムビアの蓄音機は頻繁にオークション・サイトに出品されてます。発売された当時の価格が高かった製品は作りもしっかりしています（たとえば卓上型より高額なポータブルなど）。注意して探せば手頃な価格で入手できるかもしれません。70種類もの製品がありますが、

(16)

"EUFON"

(Patented)

Price, Yen 30.00.

This is the most compact instrument on the market, and is the first Hornless Machine ever offered at such a low price.

Highly polished quarter-sawed golden oak Cabinet, the wood being kiln-dried to stand any climate.

This machine is equipped with a double-spring Motor, with springs enclosed in dust-proof, oil-tight cups, capable of playing **five records** with one winding.

The same care is given to the manufacture of the Resonance Chamber as in the large "Nipponola."

Codeword—EUFON.

1912（明治45）年
のカタログより

「ユーホン」の紹介ページ。最初の無ラッパ蓄音機として好評を博した。ラッパ型の最高級機50号が50円で、ユーホンが30円とは強気の値段。英文表記があるのは輸出もしていたということか。

型番を挙げても意味がありませんので、参考までにポータブル蓄音機の高級機220／221号の広告文を紹介します。

「大自然の懐に抱かれながら、しかも、楽しい音楽の調べに耳を傾け得るの幸福は、またなきものです。その喜びは、ポータブル蓄音器をもって、山に、海に、野に行楽することによって得られるのでございます。

優美なる外装の中に、驚くべき精巧にして堅牢なる機構を蔵し、絶妙なる発声を致す本器こそは、当代無比のポータブル。そして、その廉価！　弊社の奉仕的営業政策の最も著しき現はれで御座います。」

| 1931(昭和6)年のカタログより | ポータブル3機種の紹介ページ。カップル(アベックのほうが相応しい?)がピクニックの最中に蓄音機で音楽を楽しむという設定が面白い。 |

MODEL No. 106 第一〇六號 ￥50.00

民衆的蓄音器さし
て解襟聲き本器は、渡、褐色マホガニー型の
キャビネツトで、前面
は絹のグリルに二木
のブロック型の柱子
に依つて更に飾氣に
網輯盤は第十二吋ビ
ロ上張りで、サウンド
ボックスは第十六號
Vに特する優秀品を使用し、網靜全美麗
した新式S型による實
演奏に懇意清靜の
音色を發擇致します。
モーターは強力なる
大型時式の
可能であります。
高サ三十六糎奥行四十六糎幅五
十糎重量十三瓩

MODEL No. 115-B 第一一五號B ￥80.00

本器はレコード古型蓄音器家の富みに特に機能的愛撫を
提供致しました優秀品として、
智慧型の智慧を抱も光み上に生
じる事が出來ます。キャビネツ
トは典雅な褐色マホガニー型、サ
ウンドボックスは新式自機付き型
の、自由式自機付き型網。網整盤
は十二吋ビロ上張りで、サウンド
ボックスは中型の二重スプリング
クハ型にて、背軸等は直線線式エボックス、シヤレームであ
す。モーターは中型の二重スプリ
ング、背軸等は直線線式で十吋網盤ならば三面、十
二吋網盤ならば二面の演奏可能であります。
高サ三十三糎幅四十八糎奥行四十六糎
卓東十五瓩

MODEL No. 122-A (Spring Motor)
MODEL No. 122-E (Electric Motor)

第一二二號A ￥125.00 (No. 122-A)

第一二二號E ￥175.00 (No. 122-E)

コロムビア、テーブル型の最高級なる本器は、褐色マホガ
ニーのキャビネツトで、前面は絹材の音音樂調に網なつて
網盤は十二吋ビロ上張り。音機付き台頭其底飾最高級品
サウンドボックスは自由式で解して調節の
殿に分れて調節するボックスポ上ウ、シヤレ、キーー型の
いま網整盤であります。モーター
は第二二號に據ンゲンバ十二吋網
盤は三面の演奏其其
糎奥三十五糎幅四十五糎奥行十五糎
重量十八瓩

MODEL No. 121-A 第一二一號A ￥125.00

キヤビネツトは褐色の螺かを潤びある
光澤の磨き上げで、マホガニー最優型整材
を用ひ、節の內側は智慧な色れモダニ型に
んであります。網整盤は十二吋ビロ上張
り、自由式自機付き整型。サウンドボツ
クスは純金屬製上張の電影線式エボツクス
型を使用し、背軸等に三面に直線線式エボ
ールシヤレ、キーーで實其其其調品
再年張りでモーターは十二吋網盤の演奏其來
で一度張れば十二吋網盤三面の演奏其來ま
さして御家整部に最適品で高の最高級品
高サ三十五糎幅四十五糎奥行五十糎
重量十八瓩

1931（昭和6）年
のカタログより

卓上型モデル4機種の紹介ページ。和
室の座卓の上に置かれた蓄音機。これ
が当時の家庭内での一般的な置き場所
だったのだろうか。

119

映画と蓄音機

蓄音機が登場する映画は意外に多い。蓄音機に興味を持つようになると、つい気になるもの。ここでは、そんな作品をいくつか紹介します。

まずは『マイ・フェア・レディ』(1964)。ご存じオードリー・ヘプバーン主演の名作です。主人公イライザ(ヘプバーン)はなまりの強い英語を話すロンドンの花売り娘。そんな彼女に、音声学の専門家ヒギンズ教授が、きれいな発音の英語を仕込んでレディに仕上げるのですが、そこに登場してくるのが、シリンダー型蓄音機。

イライザが初めてヒギンズ教授宅を訪れたときの会話が、内緒で蓄音機に録音される。その録音が映画の終わり頃に再生されて、重要な役割を果たします。これはエジソンの蓄音機が録音機としての機能をあわせ持つことを利用した例です。使い方としても正しい。

余談ですが、ヒギンズ教授の部屋にはシリンダー型蓄音機が3台も置いてあり、さらに階段の踊り場には、シリンダーとディスクの両方が再生できるたいへん珍しい蓄音機があります。これは映画のために作られたものではなく、デヴィノー・ヴァイオフォン・アタッチメントという、当時発売された器具がシリンダー型蓄音機に取り付けられたもの。ディスクを再生するシーンもあり、たい

踊り場に置かれたシリンダー／ディスク兼用蓄音機。『マイ・フェア・レディ』より

へん興味深い。

　もうひとつ似た例を。史実にもとづく映画『英国王のスピーチ』(2010)。ジョージ6世にはちょっと吃音があり、これを治すべく言語療法士のライオネル・ローグが雇われます。このシーンに蓄音機が登場します。

　ローグの診察室には、コロンビアのポータブル蓄音機と、米シルバートーン製のディスクに直接録音できる卓上型電蓄があります。初めての診療のとき、ヨーク公アルバート王子(このときはまだ国王ではない)は、ヘッドフォンで音楽を聴きながら、『ハムレット』の一節を朗読させられます。ヘッドフォンは自分の声を聞かせないためのものですが、そこから流れる音楽は、なんとポータブル蓄音機からのもの(『フィガロの結婚』序曲)。蓄音機の音をヘッドフォンで聴くことができるの?と思われるでしょうが、まあ、そこは映画ということで。

　この朗読がディスクに録音され、お土産として渡されます。アルバートの自宅にはHMVの木製ホーン型蓄音機「モナーク」があり、これに持ち帰ったディスクをかけると、吃音もなく朗読してい

英国王ジョージ6世のスピーチ・レコード。
1951年のクリスマスに放送された。

エリザベス王女(現女王)のスピーチ・レコード。1940年10月13日に放送された。

る自分の声が再生されます。これがきっかけで、アルバートはローグのもとで本格的に治療に励み、やがて吃音を克服します。

　在位期間が第二次世界大戦中と重なり、国民を鼓舞するという意味もあったのでしょう、ジョージ6世(在位1936-52)のスピーチを録音したSP盤は何種類も発売されました。当時14歳のエリザベス王女(現女王)も1940年に「子供たちへのメッセージ」というSP盤を出しています。

　次は、HMVの「トレードマーク・モデル」が登場する作品。

　シャーロック・ホームズの映画はいくつも作られていますが、ロバート・ダウニー Jr. 主演の『シャーロック・ホームズ シャドウゲーム』(2011)の中で、ホームズがケンブリッジのモリアーティ教授を訪ねるシーンがあります。彼の部屋に置かれているのがトレードマーク・モデル。レコードをトレースするサウンドボックスのアップが映り、シューベルトの歌曲「漁夫の歌」の一節が流れます。さらに、映画の後半、ドイツの兵器工場の一室に同じトレードマーク・モデルがあり、教授は、今度は歌曲「鱒」のレコードをかけます。

　この後、ホームズがモリアーティ教授と一緒にスイスのライヘンバッハの滝壺に落ちて死ぬ(あるいは行方不明になる)のは1891年という設定なのですが、1891年にはまだトレードマーク・モデルは発売されておらず、実際にはあと数年待たなくてはなりません。映画に登場する蓄音機はオリジナルですが、時代がちょっと早かったというオチがつきます。

「トレードマーク・モデル」

　もうひとつトレードマーク・モデルが出てくる映画があります。ビリー・ワイルダー監督の『皇帝円舞曲』(1948)がそれで、20世紀初頭のオーストリアが舞台です。

　ビング・クロスビーがアメリカから来た蓄音機のセールスマン役で、皇帝フランツ・ヨーゼフ一世にトレードマーク・モデルを売り込もうとします。ニッパーを思わせる犬も登場し、なかなかいい演技をします。トレードマーク・モデルは何度も出てきて、けっこう重要な役割を果たします。単なるミュージカル・コメディに終わっていないところはさすが。蓄音機好きには(ニッパー好きにも)たまらない作品。

時代的に重なるということもあって、戦争映画には蓄音機がよく登場します。

　ロベルト・ベニーニ監督の『ライフ・イズ・ビューティフル』(1997)は、第二次世界大戦中に収容所に入れられたユダヤ系イタリア人家族(グイド、ドーラ、ジョズエ)の話で、ホーン型蓄音機が出てきます。特定のモデルではなく、一般的なブリキのホーン型蓄音機(戦前のドイツでは夥しい数のホーン型蓄音機が製造されました)。この蓄音機から流れる音楽が、オッフェンバックの歌劇『ホフマン物語』第3幕で歌われるソプラノとメゾ・ソプラノの二重唱「美しい夜、おお、恋の夜よ」、通称「ホフマンの舟歌」。結婚前のグイドとドーラがこのオペラを観るシーンが伏線として前半にあります。

　収容所内で配膳係をしていたときに偶然この曲のレコードを見つけたグイドは、蓄音機にレコードをのせ、ホーンの向きを変え、窓を開けて、別棟に収容されている妻ドーラに届けとばかりに流します。音楽と重なるローラの表情に胸が詰まります。

　スティーヴン・スピルバーグの映画にも蓄音機が出てきます。たとえば冒頭のノルマンディー上陸の戦闘シーンの印象が強烈な『プライベート・ライアン』(1998)。

　上陸後しばらくして瓦礫となった街の建物から、ホーン型蓄音機を見つけ出しレコードをかけるシーンがあります。流れてくるのは、エディット・ピアフが歌うシャンソン "Tu es partout"。フランス語のできる兵士が、歌に合わせて仲間に英語に訳す。激戦のさなかの束の間の平穏な光景が印象的です。でも、ぴかぴかの金色の大きなホーンとサウンドボックスがちょっと不自然。不自然といえば、ターンテーブルが回り、音は出ているにもかかわらず、トーンアームが動いている気配がありません。つまり針先はレコードをトレースしていないのです。音楽と会話の音のバランスがとれなかったからとも考えられますが、そもそもピアフのSP盤を入手していなかったからではないかと思います。

　もう一作品スピルバーグから。『戦火の馬』(2011)。こちらは第一次世界大戦が舞台。ここに出てくるホーン型蓄音機はストーリーには関与せず、インテリア的な意味しか持ちません。ところが、この蓄音機は当時のものではなく、現在もインドあたりで作られている偽物。スタッフの中に見抜ける人がいなかったのか、これでいいと思ったのかわかりませんが、70億円もかけた映画なのに残念。

さらに大尉と少佐の会話の場面で、蓄音機からの音楽がBGMとして使われています。針を下ろして音が出たところから始まりますが、途中でトーンアームが上がっても音楽は流れ続けるのです。撮影のときに、会話と一緒に鳴らすと録音の邪魔になったのかもしれません。ちなみにHMVの茶色の10インチ盤は、第一次世界大戦が勃発した1914年にはまだ登場していません。

蓄音機露天商の頃のルイ。『自由を我らに』(1931)

フランス映画からも1本ご紹介します。ルネ・クレール監督の『自由を我等に』(1931)。ここにはなんと蓄音機工場まで登場します。

ふたりの主人公ルイとエミールは服役中。脱獄を試みるがルイだけが成功します。ルイは蓄音機とレコード（もちろんSP盤）の露天商から専門店主、ついには蓄音機の会社を経営するまでになります。そこで作られるのは流れ作業によって組み立てられるシンプルな卓上型。映画のシーンに映っているのは、もちろんちゃんとしたものではなく、映画用の小道具。さらに新工場が落成すると、そこでは完全オートメーションによる丸い帽子箱のようなポータブル蓄音機が製造されます。材料を放り込むと製品が出てくるというスゴい仕組み。蓋を開けてメカの部分を映している蓄音機は本物のようですが、蓋をした状態で大量に映っているのは小道具だとすぐにわかります。

小道具ではない本物の蓄音機が出てくるシーンもあります。のちに出所した獄中仲間のエミールが想いを寄せる若い女性ジャンヌの部屋から聞こえてくるのが、ポータブル蓄音機から流れる音楽。この蓄音機、レコードが回っているときはコロンビアなのですが、針をあげるときはHMVに変わっているのです。なぜ？撮影日が別で、借りてきた蓄音機が別だったのかもしれません。

次は、アフリカ。シドニー・ポラック監督の『愛と哀しみの果て』(1985)はメリル・ストリープ扮す

る主人公カレンの回想から始まりますが、なんと冒頭のセリフが、「彼はサファリに蓄音機まで持ってきた」。そして、モーツァルトのクラリネット協奏曲の第2楽章がコロンビアの卓上型蓄音機から流れます。添え物の小道具としてではなく、物語の脇役としての役割を果たします。蓄音機はモーツァルトの音楽とともに何度も出てきますが、デニス役のロバート・レッドフォードとのキャンプシーンがとくに印象的。蓄音機から流れる音楽に合わせて二人が踊ります。

　蓄音機が発明される前、18世紀の王侯貴族の例を持ち出すまでもなく、踊るためには生（なま）の楽団が必要でした。それが蓄音機の登場とともに、楽団なしで誰でも踊れるようになったのです。いつでも、どこでも、誰かに見られることもなく。蓄音機のロマンティックな使い方のひとつです。

　なお、映画の原作『アフリカの日々』に「蓄音機」の記述があるのは一か所のみ。もっぱら聴くのみで、レコードをかけて踊ったりはしていません。

　蓄音機を知ると、映画に出てくるシーンも気になってきます。機種を特定したくなり、オリジナルかどうか、この年代でこのモデルが正しいか、など。さらにはそこで使われるレコードのことも気になります。蓄音機の扱われ方はさまざまですが、旧作をビデオ(DVD)や配信でみるときに、楽しみが広がります。

　最後に、冒頭にあげたオードリー・ヘプバーンの映画をもう1本。ハンフリー・ボガートと共演した『麗しのサブリナ』(1954)。ふたりでヨットに乗るシーンがあり、そこではコロンビアのポータブル蓄音機が出てきます(たぶん#160)。二人で聴く曲は "Yes, we have no bananas"、ゼンマイを巻くヘプバーンがとても魅力的です。

ボガートとヘプバーンの間に蓋を開けたポータブル
蓄音機が見える。『麗しのサブリナ』(1954)

ブランズ
ウィック
［アメリカ］

1920年代のアメリカでビクターと並ぶ二大蓄音機メーカーのひとつだったというと、驚かれると思います。エジソンのシリンダー蓄音機やダイアモンド・ディスク蓄音機はメジャーではありませんでしたし、コロンビアは後退局面に入っていました。ブランズウィックは創業1845年に遡るビリヤード台のメーカーでした（後にはボウリングのメーカーとしても有名に）。さらに銀行やレストランの内装、バーのカウンターやキャビネット作りなども得意としていました。卓越した木工技術を誇っていましたから、蓄音機の時代には各メーカーからのキャビネットの注文に応じており、エジソンは主なクライアントのひとつでした。

そこで、「キャビネットだけを作って納品しているくらいなら自前の蓄音機を」ということで、1916年にマーケットに参入します。アップライトとコンソールのフロア型がメインですが、良材をふんだんに使ったキャビネットはいずれも見事な美しい造作です。

1924年のカタログより｜豪華な時代様式のキャビネットがずらりと並ぶ。木工技術にすぐれたブランズウィックならでは。

ブランズウィック蓄音機の特徴のひとつにアルトーナ・リプロデューサー（Ultona Reproducer）があります。このころレコードのマーケットには普通のSP盤（横振動）、パテ盤（縦振動）、そしてエジソンのダイアモンド・ディスク（縦振動）という３つの方式が並存していました。割合としては普通のSP盤が圧倒的多数でしたが、ブランズウィックは３つの方式すべてを演奏できるトーンアームと一体になったリプロデューサー（サウンドボックス）を自社の蓄音機に採用しました。いまでいうコンパチブル機です。1925年までのブランズウィックの蓄音機がこの方式です。

　もうひとつの特徴はスプルースの木製ホーンです。スプルースはマツ科の針葉樹で、ピアノの響板やギターに使われる材で、蓄音機正面のグリルを外すとトレードマークのように美しい楕円のホーンが見えます。ブランズウィックはそのホーンを、「響板のように響き渡る」と謳っていました。さらに、静かに安定して回転するモーターの性能のよさに定評がありました。ブランズウィックのアップライト型は style 100, 125, 150, 175, 200, 225, 275などで表され（＄をつけるとそのまま価格になり

『トーキング・マシン・ワールド』1921年６月号に掲載された"Style 105"の広告

ブラズウィック初の卓上型。蓄音機の説明よりも、ブランズウィックがいかに蓄音機のメーカーとして特別か、スペースの半分を使って記述している。キャビネットはもちろん、モーター、トーンアーム、サウンドボックスなどすべて自前。ミシガン州の北部に木材用の森林まで持っていたというのだから、すごい。

ました)、コンソール型は「チッペンデール」「ケンブリッジ」「ストラットフォード」「チューダー」などイギリスを想起させる名前です。

　電気録音の時代を迎えると、ブランズウィックもそれに対応した蓄音機を発売します。1926年に登場したパナトロープ (Panatrope) ・シリーズです。旧モデルからの主な変更点は、マイカ振動板のアルトーナ・リプロデューサーに代わって、アルミニウム振動板のサウンドボックス、S字型の太いトーンアームの採用、さらに、楕円のホーンは同じですがエキスポネンシャル・タイプになりました。「マドリッド」「セヴィリア」「ヴァレンシア」「ディアパソン」「フロリダ」などが代表的な製品ですが、中でも「コルテズ」と名付けられた最高級機はやはりビクターの「クレデンザ」に対抗したものでした(価格も同じ$300)。

　ブランズウィックはラジオを組み込んだ電蓄にも積極的でしたが、1930年にワーナー・ブラザースの資本下に入り蓄音機ビジネスは終了しました。

Brunswick Panatrope
(Exponential Type)

The Cortez $300
Finished in high-lighted matched and figured Walnut. Equipped with special record drawers and index. Instrument is 30 in. wide, 43 in. high and 22¼ in. deep. Gold plated metal parts.
With electric motor, $35 extra

1927年のカタログより

ブランズウィック最高級機
「コルテズ」

136 THE SATURDAY EVENING POST July 9, 1927

Your old Phonograph never Gave Music like this!

THE
BRUNSWICK
Panatrope

Prices from
$85
to
$1,250
(Including both Exponential and Electrical types)
Convenient terms

THERE has been a remarkable change in music for the home. Amazing improvements have been made, both in recording and in the reproduction of recorded music.

Our laboratories in collaboration with the great electrical companies have had a leading part in these new developments. In the creation of the Brunswick Panatrope, we have achieved what is perhaps our greatest triumph.

The Panatrope is designed expressly to play the new electrical records. To let you hear the rich bass and the beautiful high notes which Brunswick electrical recording registers but which old-type phonographs do not reproduce.

As developers of Brunswick's "Light-Ray" electrical recording (musical photography) we are naturally interested in securing the finest possible reproduction for the new records.

We have developed the Brunswick Panatrope in a wide variety of beautiful models, covering both electrical and exponential types of reproduction. The electrical type may be had in combination with the famous 8-tube Radiola Super-heterodyne. You can obtain a Panatrope of the exponential type... the model shown here... for only $85. Or a marvelous electrical Panatrope combined in one cabinet with the famous 8-tube Radiola Super-heterodyne for $1,250.

Thus the delights of the new electrical recording may now be enjoyed by everyone. The Brunswick Panatrope plays all makes of records, old and new. And to every kind brings greater range, musical quality, and a naturalness of tone that will delight you.

Latest Brunswick Records by the "Light-Ray" electrical method (musical photography) are on sale every Thursday

You have only to hear the Panatrope in comparison with other reproducing instruments to realize this great difference.

Ask your Brunswick dealer to play some choice Brunswick Records on the Brunswick Panatrope. Also ask to hear one of Brunswick's reproducing instruments in combination, in one cabinet, with the famous Radiola Super-heterodyne. Buy no musical instrument or radio until you hear these marvelous Brunswick inventions.

Brunswick

THE BRUNSWICK-BALKE-COLLENDER CO., NEW YORK, CHICAGO · IN CANADA: TORONTO

129

『サタデー・イヴニング・ポスト』
1927年7月9日に掲載された
パナトロープ蓄音機とレコードの広告

電気録音のレコードとそれに対応した蓄音機の説明として「あなたの古い蓄音機はこんなふうに音楽を聴かせてくれなかった！」とある。価格は$85から$1,250とずいぶん開きがあるが、$300以上は電蓄およびラジオ内蔵モデル。イラストの蓄音機は "model 10-7"（セヴィリア）。

チニー
［アメリカ］

The CHENEY

　うひとつ、アメリカのメーカーを取り上げます。そのユニークなデザインと作りの良さから戦前の日本でも人気のあったチニーです。チニー（アメリカの元副大統領ディック・チェイニーと同じスペルですので、「チェイニー」と表記するほうがたぶん発音に近い）は、1914年に設立されました(The Cheney Talking Machine Company)。設立者のフォレスト・チニーは1890 〜 1900年代に活躍したコンサート・ヴァイオリニストで、ヴァイオリンの構造を蓄音機のホーンに応用したのが最大の特徴です。もっとも、ユニークなのはホーンだけでなく、すべてなのですが。

　音を拾うところから順にみていきますと、まず、サウンドボックスの振動板が当時一般的だったマイカ（雲母）ではなくガッタパーチャというマレーシア産のアカテツ科の樹木からとれるゴム状の樹脂を材料にしていること。これを成形し、金または銀に着色して振動板としました（なお、ガッタパーチャは現在もゴルフボールの外皮材、歯科医療材として広く利用されている）。

　次にトーンアーム。これも一般的なチューブではなく、4段階に大きくなっていく八角形のもの。アームの途中での折り返しはなく、アームが根元から動くようになっています。その根元から木製チューブが垂直におりて、「オーケストラル・チェンバーズ」と名付けられた少しずつ大きくなる四角い箱のつらなりを経て、ようやくホーンに接続されます。

　ちなみに、チニーは「ホーン」と呼ばずに「レゾネーター」（共鳴装置）と呼んでいます。そのレゾネーターはヴァイオリンの胴を切ったような形をしています。つまりヴァイオリンは表板も裏板も中央が膨らんでいますが、チニーのホーンはそういう形をしているのです。さらにこの形は曲げて作ったものではなく、ヴァイオリンと同じく削って作ったというのがセールスポイントです。もちろん、その材料はヴァイオリンと同じスプルースで、しかも自然乾燥。ホーンの開口部をキャビネットではなく、膨らんだ部分の一点で固定。正面から見るとホーンが浮いているように見えます。このほうがよく共鳴するということのようです。

　チニーはキャビネットの作りの良さも定評で、近くにあった有名な家具専門メーカーに製造を委託していました。ブランズウィックとはまた違ったテイストが魅力です。

　機種としては、アップライト型のstyle 1 〜 6, 20, 31, 41, コンソール型のstyle 107, 107~110, 112, 117, 118 など豊富で、それぞれにシェラトン、ヘップルホワイト、ジョージアン、クイーン・アンなど家具の様式の愛称が付けられています。1910年代終わりから1920年代前半がチニーの最盛期

で、ホーンが二つの(ステレオ?)「カロリアン」(Carolean)というモデルまで作られました。

　1925年12月、フォレスト・チニーが亡くなると、工場が閉鎖され、会社は解散します。

　(チニーの蓄音機は)「演奏すればするほど甘さが増します」とは当時の広告にあった一文ですが、チニーは蓄音機を楽器のように鳴らすことを夢見ていたのかもしれません。

1—Reproducer

2—Tone Arm—Series of Octagonal Air Chambers

3—Series of stepped concentric rings

4—Tone Conveyor

5—Upper Cubical Air Chambers of Throat

6—Lower Cubical Air Chamber of Throat

7—Palate Bar

8—Orchestra Chambers

9—Violin Resonator

The universal delight which the Cheney brings to users everywhere is due to the Cheney tonal system, invented and developed by Mr. Forest Cheney.

All the essential features of this system are covered by new basic patents which secure to the Cheney Phonograph, unrivaled tone quality.

| チニーの マニュアルより | ユーザー・マニュアルに掲載された、サウンドボックスからホーン開口部までの構造を示す透視図。全体をいくつものセクションに分け、それぞれに名前を付けている。ヴァイオリンの胴のような膨らみをもつホーンの形状がよくわかる。 |

『トーキング・マシン・ワールド』
1925年11月号に掲載されたチ
ニーの広告

コンソール型の高級機が7種紹
介されている。右上がホーンを
二つ搭載した「カロリアン」。価
格はなんと$600、ビクターの
最高級機「クレデンザ」の倍で
あった。

パテ
[フランス]

エジソン、コロンビアと並ぶシリンダー型蓄音機のメーカーのパテは、1894年エミールとシャルルの兄弟によってパリに設立されました。トレードマークは雄鶏（後に地球に向かってディスクを投げようとする男性を描いたロゴも登場します）。

コロンビアの蓄音機を販売していた経緯もあって、コピー製品のような蓄音機からスタートしましたが急増する需要のおかげで急成長します。蓄音機だけでなく、すぐにろう管の生産も始めます。誇張はあるでしょうが、1904年には毎日1,000台の蓄音機と50,000本のろう管を生産していたといいますからその勢いが想像できます。さらにロンドン、ミラノ、ブリュッセル、モスクワなどにも工場を建てます。

蓄音機は、簡素な作りの廉価版から、複数のサイズのろう管が演奏できるものまで様々で、しかもその製品名がmodel 0、1、2といった数字と、「コック」(Coq)、「エイグロン」(Aiglon)、「パーフェクタ」(Perfecta)、「ゴーロワ」(Gaulois)、「デュプレックス」(Duplex)、「セレステ」(Celeste)などの単語が混在し、蓄音機を見て名前を同定するのは至難の技です。

1898年の
カタログより

ろう管式蓄音機グラフォフォン No.25。ほとんどコロンビア Type Bのコピーだが、トレードマークの雄鶏でパテとわかる。

パテのシリンダーには標準サイズの直径2.2インチだけでなく、5インチのコンサート・シリンダー、さらにパテだけの3.5インチ（「サロン・サイズ」、標準とコンサートの中間なので「インターメディエイト」ともいわれる）、さらに「セレステ・シリンダー」という直径5インチ、長さ8.5インチのものまでありました。

シリンダー型蓄音機でヨーロッパを席巻したパテですが、1906年にディスク型蓄音機の生産を開始します。11月のカタログにはモデルAからEまで5機種が載っています。後のカタログにはPathéphone（パテフォン）No.2,4,6,8,10,12,14などの偶数番号のモデルに変わっていきます。

ろう管が縦振動だったのでディスクでも縦振動方式を採用しましたが、エジソンとは違う方式で、針先にサファイア・ボールを使用しました。外付けホーンの一般的な蓄音機のように見えますが、サウンドボックスの振動板が正面を向いているので区別がつきます。しかも、これを横振動用のサウンドボックスに交換すれば普通のSP盤も演奏できましたから、使い勝手はエジソンの縦振動型蓄音機よりよほどよかったはずです。

当初、パテの縦振動盤は盤の外周からではなく中心から溝が始まるいわばセンタースタートでし

| 『イリュストラシオン』紙（1904年11月）の広告 | 蓄音機は0号。演奏家の名前や、女優サラ・ベルナールの名前も見える。 | パテの絵葉書 | 少女が0号で楽しそうに遊んでいる絵柄。 |

た。つまりレコードをかけるときは、針を盤の内周の音溝の終わったあたりに下ろすのです（後に外周スタートに変更）。盤のサイズは24cmと28cmで、これも標準からずれていました（スピードも初期は90回転）。その後も様々なサイズを出しますが、1909年には50cmという巨大な盤も出します（120回転！）。

　変わっているのは盤だけではありません。ホーンとトーンアームをそれぞれ二つ持ったもの、外付けホーンと内蔵ホーンを一台に組み込んだもの（「昼と夜」という名前）、ホーンではなくコーン・スピーカーのようなもの（ディフューザー・モデル）、蓋の内側に組み込んだボウルに反射させて音を増幅する仕組みのもの、ホーン型蓄音機をそのまま大きなキャビネットに組み込んだものなど、ユニークなモデルをいくつも作りました。

　1920年頃には"Actuelle"（アクチュエル）という名前で横振動盤も発売します。アメリカ・パテにこの名前の蓄音機がありますが、これはコーン・スピーカーの中心に直にパイプ状のトーンアームを付けたユニークな構造で、名前の通り一般のSP盤と縦振動のパテ盤が演奏できます。

　1928年パテは会社をイギリス・コロンビアに売却し蓄音機とレコードの市場から退場します。パテは20世紀初頭のヨーロッパで蓄音機とレコード産業に大きな足跡を残しただけではなく、映写機やフィルム、映画館など、映画産業でも大成功を収めました。

パテのディスク型蓄音機の広告（1907年5月）

月々6フラン、30か月の分割払いを勧めている。下段中央には小さい文字で40点のレコードが紹介されている。オペラ、シャンソン、ダンス、オーケストラなど、ジャンルも多彩である。カルーソの名前もある。

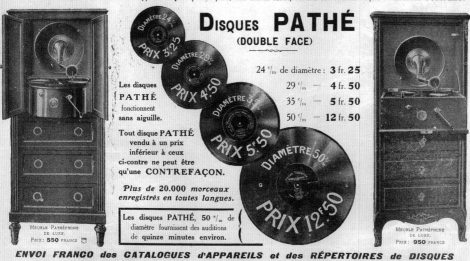

1913年のパテの広告

一般の蓄音機と全く似ていないユニークなデザインがパテ流。下段中央にあるディスクの直径も24cm、29cm、35cm、50cmと、他社と同じことを嫌う性格？

パテ最初のディスク・レコード

　パテ(フランス)はろう管式蓄音機からスタートしましたが、1906年にはディスク型蓄音機を発売します。その最初期に発売したレコードの材料は通常のシェラックを主原料としたものではなく、セメントをベースにした型にろう管の材料と同じワックスをコーティングしたものでした。写真のように片面はカラフルな印刷で、ディスク上部に DISQUE PATHÉ と大きな文字、中央にトレードマークの雄鶏とろう管式蓄音機の絵が。回転数が毎分90 〜 100と書いてあるのが興味深い。記録面はごらんのようにクラックがあるので再生は難しい。。

　パテのディスク・レコードは縦振動で、再生用のリプロデューサーは、ろう管式蓄音機に使われていたのと同じものが使われました。

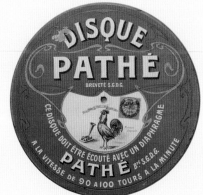

パテ最初のディスク・レコード

記録面　　　　　　オリジナルのスリーブに収められた状態

HMV *
[イギリス]

*HMVの正式名称はグラモフォン社(Gramophone Company Ltd)ですが、ここでは一般的に使われるHMVで通します。HMVはグラモフォン社の商標である"His Master's Voice"の省略形です。

世界で最も有名な蓄音機は何でしょう。その名前は知らなくても、あるいは実物を一度も見たことはなくても、その図柄だけは目にしたことがあるはずです。そう通称「トレードマーク・モデル」と呼ばれる HMV style No.5 蓄音機です(蓄音機ギャラリー参照)。蓄音機に耳を傾ける犬(ニッパー)とともにこのマークはイギリスのHMV(グラモフォン社)、アメリカ・ビクター、日本ビクターの商標として蓄音機・レコードに印刷されました。

この蓄音機はイギリスで販売されましたが、製造したのはアメリカ・ビクターの前身となる会社です。1897年から1902年にかけて販売されました。他にもStyle No.2, 3, 4などいくつかバリエーションが出ますが、1901年の10インチ盤の登場とともに退場していきます(それまでのモデルは7インチ盤用)。実用かどうかはともかく蓄音機ファンには気になる一台です。

HMVもアメリカ・ビクターと同じようにホーン型蓄音機の時代からホーン内蔵の卓上型、フロア型、コンソール型を1920年代後半まで発売します。キャビネットなど木部のデザインは違いますが、モーター、トーンアーム、サウンドボックスなどの機械部分、ホーンのデザインなどは同じものが多いです(初期の部品にはmade in USAの文字も)。

HMVの蓄音機の変遷をサウンドボックスで辿りますと、初期のクラーク=ジョンソン・サウンドボックスおよびコンサート・サウンドボックス→1903年頃からエキジビション・サウンドボックス→1922年頃からNo.2サウンドボックス→1925年頃からNo.4サウンドボックス→そして1927年からエキスポネンシャル・ホーンを内蔵した蓄音機用のNo.5, No.5A, No.5Bサウンドボックスとなります。

HMVによるエキスポネンシャル・モデル発売はアメリカ・ビクターに遅れること約2年ですが、その間にNo.4を採用したモデルを1925年からポータブル型、卓上型、フロア型、コンソール型あわせて20機種も発売しています。アメリカ・ビクターがNo.4を採用したモデルを2機種(卓上型の1-70とポータブルの2-60)しか発売しなかったことを考えると興味深いです。No.4は電気録音対応ですがエキスポネンシャル・ホーンを採用していない蓄音機用という位置づけだったようです。

アメリカ・ビクターに遅れること約2年、1927年9月から1928年2月にかけてエキスポネンシャル・モデルが6機種発売されます。#157, #163, #193, #194, #202, #203がそれで、#157以外は「リ・エントラント・ホーン」と名付けられた2回折り曲げ式のエキスポネンシャル・ホーンがキャビネットに組み込まれていました。これは「クレデンザ」のホーンと構造的に同じものです。サウンドボックスはごく

初期にはNo.5（ビクター・オルソフォニックと同じもの）ですが、すぐにNo.5Aに変更されます。フロア型に続いて1929年には卓上型の#104、#130が発売されます。こうしてアコースティック再生による蓄音機は黄金期を迎えるのですが、1929年の世界恐慌により、この黄金期は短命に終わります。特に#202、#203は最も大型のモデルというだけでなく、生産台数が合わせて500台足らずという希少性から、いまでも高額な蓄音機となっています。

　HMVの歴史で忘れてならないのが1931年に発売された#102です。デザインと機能と操作性、そして音質が見事に融合したポータブル蓄音機の傑作といえるでしょう。#102は細かな変更やカラーバリエーションを加えながら、なんと1958年まで製造されました。

　別項に、#100から始まるHMVの本格的なポータブル蓄音機が、#101を経て、#102に発展・集約される流れをまとめましたのであわせてお読みください（「蓄音機ギャラリー」22ページも参照）。

| HMVのサウンドボックス | 左からエキジビション、No.2（ビクター）、No.4、No.5A |

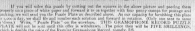

1901年3月の広告

黎明期のディスク型蓄音機が一覧できる。すでに年間300万枚以上のレコードを販売していると、誇らしげに書いてある。中央にはトレードマークがパズルになっていて、これを切って完成させて送ると本物のパズルがもらえたらしい。当時の社名 がThe Gramophone & Typewriter Ltd.ということに注目。

HMVがポータブル型蓄音機の市場に参入したのは比較的遅く1920年のこと。"PAO"という変わったモデルナンバーの機種で、ポータブルといっても木製の四角い卓上型に把手を付けたようなものだった。つまり重くて嵩(かさ)があるので実際の持ち運びには難儀する。軽量化を進めたものの基本のデザインは同じで、正面から音を出す構造だった。

それが、1924年6月に発売した #100で画期的に進化する。正面から音を出す構造をやめ、音を反射させて増幅する方法を採用したのだ。トーンアームの根元から放射された音はその下(本体後部)にあるリフレクター(反射板)に当たって戻ってくる。もうひとつの特徴は、収納時にアームの根元が沈んで低くなるようにしたこと。これによって高さが抑えられ、全体のプロポーションがすっきりした。ようやくポータブルの名に恥じない製品を開発できたわけだ。

その一方で次のポータブルの開発も進んでいた。1925年10月に発売した#101がそれだ。ケースのサイズや、蓋の内側にレコード収納用のポケットと針入れがあるデザインは#100と同じだが、それ以外の部分は大きく変わった。

#100がエキジビション・サウンドボックスにグースネックのトーンアームだったのに対し、#101はNo.4サウンドボックスと長いトーンアーム、それにつながるホーンがモーターを取り囲むように回ってアーム左側の開口部へといたる。蓋もホーンの延長として機能する。音質・音量ともに優れたポータブル蓄音機の誕生だった。#101はマイナーチェンジを繰り返し、1931年に次の#102に置き換わるまでにおよそ17万台を出荷した。

ポータブル蓄音機は#101で完成したともいえるが、HMVは1928年頃から次のポータブルの開発をすすめていた。フロア型では#163、#193、#202など、新型サウンドボックスとエキスポネンシャル・ホーンを組み込んだモデルをすでに発表していたので、これをポータブルに組み込もうというわけだ。

そして、1931年8月、#101の良さを残しつつ#102が発売される。角が曲面になったのは外観上の大きな変更だが、#101とほぼ同じサイズを実現した。新型のno.16サウンドボックス(後にNo.5A, No.5B)を採用し、トーンアームが短くなった分、ホーン開口部は大きくなった。価格は据え置き。色は黒のほか、赤、緑、青、茶などがあった。#102は最初からよく売れた。戦前に売れただけでなく戦後も売れ続けた。細かな変更はあったものの1958年まで製造され、HMVの工場には1960年まで在庫があったという。戦後も売れ続けたというのはイギリスの植民地の電気事情によるところも大きいと思われるが、それ以上に、音の良さ、使いやすさ、無駄のないデザインなど、#102に備わった魅力のせいだろう。累計80万台をこえる生産台数がそれを証明している。(「蓄音機ギャラリー」22ページ参照)

史上最も売れた ポータブル蓄音機 HMV #102

A New Portable Gramophone

THIS instrument possesses many novel features which make it equally suitable for either indoor or outdoor use. When closed it measures 16¼ ins. by 5⅝ ins. wide and 11¼ ins. in height, and although of light construction, it is strong, compact and as easily carried as an attaché case. It is covered with black leather waterproof cloth fitted with metal corners, and storage accommodation is provided for six 10-inch Records.

MODEL No. C100.

Price £6 10 0

"His Master's Voice"

Full particulars can be obtained from any "His Master's Voice" accredited dealer. Write for the name and address of the nearest to your home.

THE GRAMOPHONE COMPANY, LTD.,
363-367, OXFORD STREET, LONDON, W.1.

Something Entirely New!

A GRAMOPHONE HAVING
NO SOUND BOX
NO TONE ARM
NO HORN

Great interest will be aroused by the announcement that The Gramophone Company, Ltd., have added to their Catalogue an instrument without Sound Box, Tone Arm, or Horn, but fitted with a Pleated Diaphragm, an invention of the eminent French scientist, M. Louis Lumière, Membre de l'Institut, Commandeur de la Légion d'Honneur.

This diaphragm reproduces every characteristic quality of the artist's performance with remarkable volume and richness of tone.

Price:
Oak - - £22 10 0
Mahogany £25 0 0

Hear the

"His Master's Voice"

NEW MODELS
WITH THE PLEATED DIAPHRAGM

at our accredited dealers, whose addresses will be supplied on application to

THE GRAMOPHONE COMPANY, LIMITED,
363-367 OXFORD STREET, LONDON, W.1.

Price:
Oak - - £45
Mahogany £50

新型ポータブル蓄音機 #100発売を告げる広告

『グラモフォン』誌1924年7月号掲載。考え抜かれたデザインとプロポーションで人気を得、これをベースにした#101が翌年秋に発売される。

リュミエール蓄音機発売の広告

『グラモフォン』誌1924年11月号に掲載。卓上型 (#460)とアップライト型 (#510)の同時発売。「サウンドボックスも、トーンアームも、ホーンもない」という逆説的なコピー。特許はフランス人発明家ルイ・リュミエール。

『パンチ』誌のHMV広告

1930年5月号に掲載。ソプラノのエリーザベト・シューマンを登場させ、彼女からの賛辞のメッセージを掲載。下には「(HMVは)音楽家を満足させる蓄音機」という1行がある。蓄音機は #163, #104, #145。

"His Master's Voice" トレードマーク誕生秘話

──蓄音機から流れる亡き主人の声に耳を傾ける犬──"His Master's Voice"の名コピーとともに有名なこのトレードマークは、1899年、イギリスで誕生しました。この絵を描いた画家の名はフランシス・バロード。亡き兄が飼っていたテリア犬「ニッパー」と暮らしていました。あるとき、"His Master's Voice"というタイトルとともに絵のイメージが湧きます。時は、ろう管式蓄音機の時代。エジソンの商用モデルをもとにしたろう管式蓄音機とニッパーを組み合わせた作品を仕上げてろう管式蓄音機の会社に売り込みに行きますが、断られてしまいます。

ニッパーの写真。"The Story of 'Nipper' and the 'His Master's Voice' picture painted by Francis Barraud" (1973) より

そこで、画家は、グラモフォン社(HMV)に行きます(1899年5月)。グラモフォン社は設立まだ1年の会社です。画家と会社で何度か話合いが持たれ、ろう管式蓄音機の絵を自社のディスク式蓄音機に変える、という条件で発注されることに(9月)。グラモフォン社から画家のもとへディスク式蓄音機が届けられます。蓄音機の置き方については会社からの注文はなく、あの絵の構図は画家の判断によるものです。もとのろう管式蓄音機の上にディスク式蓄音機の絵が塗り重ねられましたが、ニッパーの構図はそのままです(写真が残されていますので2枚の絵を比べることができます)。

"His Master's Voice"の新しいバージョンは、蓄音機を受けとって2週間ほどで完成。グラモフォン社へは10月17日に届けられました。絵の価格が£50、権利が£50です。この作品および"His Master's Voice"が商標としてグラモフォン社および米ビクター社とその各国の支社を通じて世界中に広まったのはご承知のとおり。

オリジナルの原画は1枚ですが、バロードは1913年からグラモフォン社およびビクター社の注文に応じて1923年までの間に24点のコピーを製作しました。バロードは1924年68歳で亡くなりました。なお、ニッパーは1895年、作品が描かれる4年も前に亡くなっています。11歳でした。

EMG / Expert

[イギリス]

数多ある蓄音機のブランドなかでも特別な位置を占めるのがこのEMGおよびExpertです。EMGは1924年、Ellis Michael Ginn（エリス・マイケル・ジン）と妻の弟 David Phillips（デヴィッド・フィリップス）によってマグナフォン(Magnaphone)という名前の蓄音機でスタートしますが、すぐにEMGと改称します。後の正式会社名は、E. M. G. Hand-Made Gramophones Ltd.

最初からあの特徴ある大きななホーンの蓄音機を製造していたわけではなく、はじめは直径40cmのエボナイトのホーンを内蔵したコンパクトなフロア型でした。1924年6月に行われたレコード専門誌『グラモフォン』主催の蓄音機コンテストで銀メダルを受賞したことが、後の発展につながります。一般に知られる形のモデルは1929年になってからです。

E.M.ジン本人は1930年にEMGを離れ Expertを設立します。正式名は E. M. Ginn Expert Handmade Gramophones です。紛らわしいですね。

EMG最初の広告

『グラモフォン』誌1924年6月号。この時はまだEMGではなくMAGNAPHONEと名乗っている。製品のイラストはなく、仕様が詳しく記されている。ポータブル型蓄音機も予告されているが製品化されることはなかった。

同じ人物が作ったので二つの会社の蓄音機の構造はよく似ています。真鍮削り出しのボディにアルミニウム振動板の重たいサウンドボックス、グースネック・トーンアーム（EMGは後にスワンネックに変更）、外付けのエキスポネンシャル・ホーンという構造です。ホーンの形状はEMGがシグネト・ホーン（クエスチョンマーク型）に対してExpertは垂直に立ち上がって折れる、逆L字のような形という違いがあります。

　その特徴的なホーンは、パピエ・マッシェという手法で、薄い紙（初期は古い電話帳、砂糖の包装紙などを利用）を何層にも貼り重ねて作られました。Mk Xなど、大型モデルはホーンの途中まではアルミニウムで作られています。また表面に石膏をコーティングしたホーンもあります。ひとつひとつ手作りなので実際の寸法は少し違っていることもあり、顧客はショールームを訪ねて試聴し、好みと予算に合わせて、ホーンの大きさ・仕上げ、キャビネットの材質・デザイン、サウンドボックス、モーター（手動・電動）を決めていました。ですからカタログに記されたサイズ以外のホーンも存在します。

　Expertは1935年の広告に「開口部4' 6"（約137cm）までのホーンの注文を受けます」と出しています。"Senior" 以上のサイズのモデルは"Senior with All-Range horn"と名付けています。

　また、EMGは下記にあげた正規の製品のほかに、旧タイプの蓄音機をEMGに改造するサービスも行なっていました。キャビネットとモーターはそのままで、そこにEMGのサウンドボックス、トーンアーム、ホーンを組み込むのです。どのサイズのホーンにするかは顧客の要望しだい。これによって旧吹込み時代の蓄音機が最先端の蓄音機へとバージョンアップされました。

　EMG／Expertともに1930年代からレコード・プレーヤー、アンプ、チューナー、スピーカーなどいわば電気オーディオも手掛けます。そして、ほとんどのメーカーが蓄音機から撤退した後でも、熱心なファンのためにアコースティック再生の蓄音機を作り続けたというのは興味深いです。それが可能だったのは小売りをせず直販方式をとっていたことと、会社の規模が小さく、一台一台注文による手作りだったからでしょう。

　以下に、各モデルのホーン開口部の直径を記しておきます（数字は目安です。もとの寸法はインチ表示なので若干の誤差があります）。

EMG Mk VII (1928) —ホーン内蔵型のフロアモデル。開口部約45cm

EMG Mk VIII(1928) ―ストレートのエキスポネンシャル・ホーン。開口部62cm

EMG Mk IV (1929) ―卓上型。開口部は楕円。開口部23×37cm

EMG Mk X (1929) ―クエスチョンマークのような形状のシグネト・ホーン。以下同じ。

開口部 66 / 68cm

EMG Mk Xa (1930) ―開口部 71cm

EMG Mk IX (1932) ―開口部 56cm

EMG Mk Xb (1933) ―開口部 75cm

EMG Mk Xb Oversize (1935) ―開口部 86cm

Expert Senior (1930) ―開口部71cm

Expert Junior (1930) ―開口部 61cm

Expert Minor (1930) ―開口部 46cm

Expert Cadet (Ensign) (1932) ―開口部 46cm

Expert Senior with All-Range horn(c.1935) ―開口部92cm ～

EMG／Expertは他のどの蓄音機とも違う音の世界を作り上げています。まさに蓄音機のハイファイとでもいうべきもの。発売当初から現在に至るまで熱心な音楽ファンを魅了してやみません。

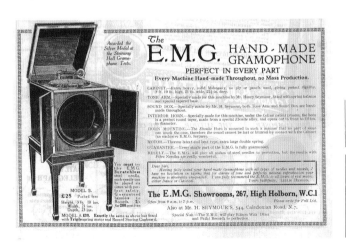

『グラモフォン』誌1924年10月号に掲載されたEMGの広告

「モデルB」のイラストと詳細な仕様に加え、製品テストで銀メダルを獲得したことが書かれ、ユーザーからの賛辞の手紙が添えられている。

"CONVERSIONS"

There are many fine old gramophones with cabinets built to last a lifetime that now stand idle, their acoustic systems being quite out of date. Their market value as they stand, is practically nil. We offer a means of bringing them into use again by substituting for the old the latest acoustic systems as used in our own machines.

Such a conversion offers several advantages, the first, of course, being the achievement of the same fine reproduction as from our own machines. There is a saving in price when compared with buying a complete instrument and usually we are able to build in a record cupboard into the bottom of the cabinet. The cost of each conversion varies a little with the amount of work involved, but an indication of the prices may be given as follows:—Conversion to Mark IX, £13 10s. 0d.; to Mark X$_A$, £16; to Mark X$_B$, £20.

SOUND-BOXES *for all gramophones*

There is an art in sound-box making and it is surprising how great an improvement can be made to the reproduction of an ordinary gramophone by the use of a sound-box "made to match" the rest of the acoustic system.

We make such sound-boxes and have two main types. The No. 4 shown on the left costs 30s. 0d. and is suitable for table models and small cabinet machines. The No. 1 is meant for large internal or external horn machines and will give an amount of detail and general balance of tone that must be heard to be believed. This sound-box costs £3. Either of these may be had on approval, and when ordering it is only necessary to state the make and model number of the gramophone and whether the sound-box will be required for use with steel or fibre needles.

A half-yearly re-tune at a cost of 3s. 6d. will keep a sound-box always up to concert pitch.

No. 1

No. 4

148

1931年のEMGの
カタログより

上は旧タイプの蓄
音機をEMGに変え
る、いわゆるコン
バージョンの広告。
下は2種類のサウ
ンドボックス。サウ
ンドボックスは単
体でも販売してい
たことがわかる。

BY FAR THE FINEST GRAMOPHONES

September always sees a spate of " new " models and this year is no exception. A dozen different radio-gramophones at extraordinary prices will clamour with conflicting claims from press and poster. They will surely tempt the unitiated, for they are very cheap. We rather welcome them for the difference between their reproduction, and that of EMG products is brought into an even sharper contrast.

Radio-gramophones are a logical development, and they have come to stay. We make them, of course, see page xxix. But if they are to give really *musical* reproduction of which you will not tire, and are to be instruments that will give unfailing service for many years, their prices must inevitably be higher than those of the

EMG HAND-MADE GRAMOPHONES

We have not altered these fine gramophones ; there was no need to do so. They represent the finest value in reproducing instruments that it is possible to buy at their prices. Made in small numbers for critical people, and sold direct to the user, each model we despatch makes a new circle of friends—and so the sales increase. The fullest particulars of our instruments are available. May we send them to you ? We are glad to arrange for extended credit and we can usually sell your old machine.

EMG SOUND-BOXES can make a remarkable difference to the quality of reproduction from ordinary gramophones. If you would like to try one send us details of your machine and we will gladly make you one and despatch it on approval.

EMG FIBRE NEEDLES. The Golden and the White are now the standard Fibres. A good number of Dealers are stocking and selling them too ! Two shillings a packet.

11 GRAPE STREET
behind the Princes Theatre
London, W.C.2. Telephone Temple Bar 6458

Mark IV. £12.12.0

Mark VIII. £20

Mark Xa. £30

149

『グラモフォン』誌1931年9月号に掲載されたEMGの広告

「ずば抜けて素晴らしい蓄音機」というコピーに自信が表れている。機種は上からMk IV, Mk VIII, Mk Xa。

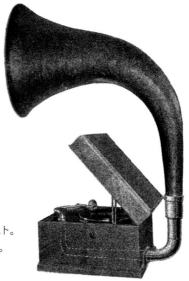

Expert

Expert蓄音機の構造を示すイラスト。
開口部までの音道が一目でわかる。

'Expert' SENIOR

The ultimate evolution of the Acoustic Gramo-phone.
Now offered with a choice of either the standard horn (as shown) 28 inch bell mouth, or the wonder-ful new "All Range" horn, 36in. bell mouth, at no extra charge.

THE model illustrated is standing on the "Expert" Record Storage Stand, hand-made to match the cabinet work of the instrument.

Prices : Oak, in any shade or finish ... ... £32. 10s.
Mahogany or Walnut ... ... £35. 0s.
Best quality A.C. Electric Motor, £1 extra.
Prices of Stand only :
Oak ... £5 Mahogany or Walnut ... £6. 10s.
Table type Stands to match cabinet, any desired height :
Oak ... £2. 10s. Mahogany or Walnut ... £3
This type Stand is shown in the illustration of the Minor model.

Cash or privately arranged deferred payments

'Expert' JUNIOR

One of the most popu-lar models in the "Expert" range.
A model you will be proud to own.

Prices : Oak, any shade or finish ... £25 £22. 10s.
Mahogany or Walnut ... ... £26 £25. 0s.
Best quality A.C. Electric Motor, £1 extra.
Prices of Record Storage Stands and Tables to match cabinet, the same as for Senior models.

Cash or privately arranged deferred payments

'Expert' MINOR

The smallest "Expert" gramophone made, a general favourite.

Prices : Oak, any shade or finish ... £20 £17. 10s.
Mahogany or Walnut ... ... £21 £20. 0s.
Best quality A.C. Electric Motor, £1 extra.
Prices of Record Storage Stands and Tables to match cabinet, the same as for Senior.
Any "Expert" Gramophone can be supplied in special cabinet-work to any required design or in any special wood, to order.

Cash or privately arranged deferred payments

1930年「Expert」のカタログより | 「シニア」「ジュニア」「マイナー」の3モデルが勢揃い。

"gramophone"という英語がアメリカで定着しなかった理由

　エミール・ベルリナーがディスク式レコードと蓄音機の特許をとったのは、1887年、gramophoneと名付けました。gramは「書く」、phoneは「音」という意味のギリシャ語です。1895年、ベルリナー・グラモフォン社を設立し、技師のエルドリッジ・ジョンソンにゼンマイ・モーターを発注し、フランク・シーマンという広告業者と契約します。シーマンはシーマン・ナショナル・グラモフォン社を設立して、販売を独占します。

　ベルリナーの蓄音機は順調に売り上げを伸ばしましたが、利益率が低いことに不満を感じていたF・シーマンは、1899年、密かにユニヴァーサル・トーキング・マシーン社を設立して、「ゾノフォン」という名称の蓄音機を製造します。その年の秋にはベルリナー蓄音機の販売を止め、ゾノフォンを積極的に売り出します。ベルリナーは蓄音機の製造停止を余儀なくされました。一方、E・ジョンソンも、ベルリナー社の注文に応じながら、独自の改良をすすめ、ゾノフォン蓄音機に対抗すべく、1900年、コンソリデイテド・トーキング・マシーン社を設立し、インプルーヴド・グラモフォン(改良型蓄音機)を発売します。

　結局、F・シーマンは裁判に訴えてE・ベルリナーに手を引かせます。さらに、ジョンソンを相手どり、蓄音機の製造停止と「グラモフォン」という言葉の使用禁止を要求します。裁判所は、蓄音機製造停止は却下しましたが、「グラモフォン」の使用禁止は認めます。この判決は上告審で無効となりますが、以降、ジョンソンはこの名称を使用しません。1901年、E・ジョンソンはビクター・トーキング・マシーン社を設立し、たちまち大成功をおさめます。1906年以降の商品名は「ビクトローラ」。膨大な広告宣伝の効果もあって、エジソンの「フォノグラフ」と並んで、「ビクトローラ」が「蓄音機」を意味するまでになりました。

　しかし、アメリカ以外の国々では、「グラモフォン」がディスク式蓄音機をあらわす言葉として定着します。ヨーロッパ各地に設立された「グラモフォン社」が、蓄音機の代表的な製造販売メーカーとして活躍し続けたからです。ちなみに、毎年2月に開催されるアメリカ最大の音楽賞「グラミー賞 (Grammy Award)」は、当初は Gramophone Awardでした。賞品のトロフィーがホーン型蓄音機の形をしているのは、その名残りです。

〝蓄音機文楽〟の誕生

蓄音機を使った文楽上演の企画を長年あたためてきました。SP盤に録音された往年の名人の義太夫（浄瑠璃）を蓄音機で再生し、現代の人形遣いの方々が人形を操って文楽を上演する。

ご存じのとおり、人形浄瑠璃文楽は太夫・三味線・人形の三業一体の芸能です。人形は一体を3人で操る三人遣い。登場人物の3倍の演者が必要なので、上演するとなるとハードルが高い。まずは一体の人形のみでハイライトを演じる「お園のくどき」（『艶姿女舞衣（はですがたおんなまいぎぬ）』）や「政岡のくどき」（『伽羅先代萩（めいぼくせんだいはぎ）』）ならどうか、できれば一段通しなどと考えて、レコードだけは集めていました。

ようやく2018年秋、一段通しの上演が実現しました。蓄音機で由布院を盛り上げるという一連の企画の中での上演です。もちろん文楽座の人形遣いの方々の協力あってのことです。会場は築120年の庄屋の建物の大広間という贅沢な空間。

さて、肝心の演目です。義太夫のSP盤録音はすでに明治30年代から盛んでしたが、一段通しの録音は限られていました。しかもラッパ吹込み時代のものは音質・音量の面から除外せざるをえず、電気吹込み時代の盤に絞られました。文楽座の方とも相談の結果、演目は、物語の内容、登場人物の人数を考慮して『近頃河原達引（ちかごろかわらのたてひき）』から「堀川猿廻しの段」に決定。レコードは、義太夫・豊竹古靭太夫、三味線・鶴澤清六（こうつぼだゆう）という両名人の演奏による13枚組にしました（昭和7年発売）。

問題はここからです。直径25cmのSP盤は片面3分前後、1面ごとに盤面をかえ、針をとりかえ、ゼンマイを巻いていたのでは芝居が止まってしまいます。演者の集中は途切れ、観客も興を削がれてしまいます。これを解消するために、同じ蓄音機を2台とレコードを2セット用意しました。1台の蓄音機が演奏している間に、次の面を隣の蓄音機のターンテーブルにのせ、針をセットし、ゼンマイを巻いて待ちます。1台の蓄音機での演奏が終わるやいなや、もう1台で演奏を始めるのです。これを休みなく1時間以上続けます。台詞の途中で盤が変わったりもするので、すみやかに針を下ろすために自分用の床本（ゆかほん）をつくり、切り替え箇所にチェックをいれ、入念に準備しました。

上演は、観客はもちろんのこと、一緒に苦労した仲間たちにも、人形遣いの方々にも好評でした。そして、一度だけの夢の実現に終わるはずが、ぜひまたということで、2019年にも仲間の自主企画で上演されました。2021年以降も上演が予定されています。

Glossary & Bibliography

IV 章

用語解説・参考文献

アンベロール・シリンダー amberol cylinder エジソンの最初の4分用シリンダー。硬めのワックス・シリンダーで色は黒。1908年から12年まで製造。以降はブルー・アンベロール・シリンダーに替わる。

エスカッチョン escutcheon 蓄音機本体のクランクを入れる穴の周りの金属のプレート。巻き上げ時のぐらつきを抑え、キャビネットを保護する。

エルボウ elbow 外付けホーン型蓄音機でトーンアームの根元とホーンを接続するパーツ。トーンアームがないタイプの蓄音機の場合はサウンドボックスとホーンを接続するパーツ。

ガヴァナー governor ゼンマイ・モーターのスピードを一定に保つためにモーターに組み込まれたパーツ。中央に重りをつけた3本(2本もあり)一組の板バネの回転時の膨らみ加減でスピードを調整する。調速機と訳される。

ガスケット gasket サウンドボックスの中にあって振動板の縁を両側から挟むもの。主にゴム製。経年で硬化・劣化するので交換が必要。フェルトなども使われた。

グースネック goose-neck トーンアームが途中からU型チューブと接続した形。ビクターの発明。鷲鳥の首の形とは違う。のちにスワンネック swan-neck というタイプに変更。

グースネック

グラモフォン gramophone ディスク型蓄音機。主にイギリス。→フォノグラフ

クランク crank ゼンマイ・モーターを巻き上げるハンドル。

クレーン crane ホーンを吊るための器具。

香箱 spring barrel ゼンマイ・モーターのパーツでゼンマイが入っているケース。ひとつの香箱にゼンマイは1本か2本入っている。

サウンドボックス soundbox 蓄音機のパーツで音を拾う部分。エジソン蓄音機などではリプロデューサーともいう。日本では「歌口」という訳語が使われた。

振動板(ダイアフラム)diaphragm サウンドボックスの中心にある円形の薄い板。針先の動きを増幅する。素材は主にマイカ(雲母)やアルミニウム。

シリンダー・レコード cylinder record シリンダーの表面に音の溝が刻まれたレコード。サイズは直径2 1/4インチ(5.7cm)、長さ4 1/4インチ(10cm)が標準。回転数160／分、記録時間約2分。後に倍の約4分に(→アンベロール・シリンダー)。これ以外に、直径3 1/2インチ(8.9cm)のサロン・シリンダー、直径5インチ(12.7cm)のコンサート・シリンダーも作られた。

スワンネック

スタイラスバー stylusbar →トンボ

ストロボスコープ stroboscope ターンテーブルの回転数をチェックするための円盤。ターンテーブルにセットしたとき、放射状の筋が止まって見えれば正しい回転数。78回転用と80回転用がほとんどだが、それ以外のものもある。使用には蛍光灯または白熱ランプが必要。LED照明は不可。

スピーカー speaker エジソンは最初期のリプロデューサーをスピーカーと呼んだ。

スワンネック swan-neck グースネック・アームの後継アーム(1925)。主にビクター／HMV。→グースネック

154

ダイアモンド・ディスク Diamond Disc エジソンの縦振動レコード。厚さが6mmもあるので一般のSP盤とすぐに見分けがつく。材料はシェラックではなく、フェノール樹脂を改良したコンデンサイトと呼ばれるもの。

ダイアフラム→振動板

ティンフォイル Tinfoil Phonograph エジソンが発明したタイプの蓄音機の総称。溝が螺旋状に彫られたシリンダーにシート状の錫箔を貼り付け、その溝にレコーダーの針先を合わせる。レコーダーは固定されていて、クランクを回すことでシリンダーが左に動き、レコーダーに向かって発語すると、錫箔に音が刻まれる。クランクを戻し最初の溝に針先を合わせ、レコーダーにメガホンを挿してクランクを回すと音が再生される。

縦振動 vertical cut / hill and dale 主にエジソンやパテが採用した録音方式。音の溝を深さの違いで刻む。再生にはサファイアやダイアモンドなどの宝石針が使われた。→横振動

ターンテーブル turntable レコード盤を載せる円盤。直径25cmと30cmがほとんど。

デカール decal 蓄音機の正面や側面、蓋の内側に貼られた製品名やロゴ、トレードマークのこと。通常はシール。トランスファー transfer とも。

電気吹込み electrical recording 1925年頃から始まった、マイクロフォンを使った録音方式。演奏家はホーンではなくマイクロフォンに向かって演奏する。マイクロフォンは受けた空気の振動を電気信号に変換してアンプに送る。アンプを通った信号はカッターヘッドを振動させ、それが原盤に刻まれる。電気録音とも。→ラッパ吹込み

トーンアーム tonearm サウンドボックスとホーンをつなぐチューブ。たいていは、先に行くに従い太くなるテーパー状になっている。

トンボ(スタイラスバー) stylusbar 針を保持する金属の棒。一種の梃子の作用で針先の動きを振動板に伝える。

バックブラケット back bracket ホーン型蓄音機でトーンアームとホーンを保持するパーツ。

フォノグラフ phonograph 蓄音機。アメリカではシリンダー型蓄音機もディスク型蓄音機も意味するが、イギリスでは一般にシリンダー型蓄音機のことで、ディスク型はgramophoneと呼んで区別する。

左から
コニカル
スパン
ウィッチハット
フラワーの各ホーン

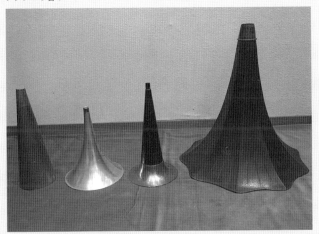

ブルー・アンベロール Blue Amberol エジソンの4分用シリンダー・レコード。内側が焼き石膏、表面は青いセルロイドでできている。

ペデスタル pedestal 蓄音機を載せる台。主にホーン型蓄音機専用に作られたものをいう。上にのせる蓄音機とデザインが共通しているものも多い。

ホーン horn 音を増幅するラッパの総称。大きく以下に分けられる。

　コニカル conical 円錐形で作りが簡単なので、低価格の蓄音機に使われた。ラッパ吹込み時代の録音に使われたホーンもコニカルである。

　スパン spun 主にアルミニウム素材のホーン(真鍮もある)。ホルンなど管楽器のホーンの開口部の形と似ている。

　ウィッチ(ズ)ハット witch's hat 魔女の帽子という意味で、エジソンの蓄音機などに使われた。円錐形のホーンが開口部で広がった形のホーン。

フラワー flower　花びらのような形のホーン。朝顔型 (morning glory) という言い方もある。

エキスポネンシャル exponential　「指数関数的」という意味で、電気録音時代に登場したホーンにこの名が使われた。ある数式に従い、一定の長さごとに一定の割合で断面積が大きくなる。ビクターはこのホーンを採用した蓄音機をOrthophonic(オルソフォニック)と呼んだ。後に、コロンビア、ブランズウィック、HMVなどが採用。外付けタイプのエキスポネンシャル・ホーンで有名なのが EMG / Expert である。

マイカ mica　雲母。薄いガラス板のように加工できるので、サウンドボックスの振動板に使われた。ラッパ吹込み時代のサウンドボックスのほとんどがマイカ振動板である。

マンドレル mandrel　シリンダー型蓄音機で、シリンダーをセットする部分。

モーター motor　ターンテーブルを回すための機械。ゼンマイ式 (spring motor)と電動式(electric motor)の2種類がある。

横振動 lateral cut　音の溝を深浅(縦振動)ではなく左右の動きで刻む。ベルリナーが発明した方式で、ほとんどの蓄音機・レコード会社が採用。→縦振動

ラッパ吹込み acoustical recording　1925年にマイクロフォンを使った録音が始まるまで行われていた録音方式。演奏者は円錐形のホーンに向かって演奏し、その空気振動がホーンの先にあるレコーダーに伝わって原盤に刻まれる。旧吹込みともいう。48ページの写真参照。→電気吹込み

リドステイ lidstay　蓄音機の蓋を支えるバー。たいていは左か右に1本だが、大型機では2本備えている。

リプロデューサー reproducer　蓄音機の重要パーツで音を拾う部分。イギリスではシリンダー型蓄音機に使われ、ディスク型蓄音機はサウンドボックスと使い分けた。アメリカでは、ビクター以外は主にリプロデューサーを使う。→サウンドボックス

レコーダー recorder　主にシリンダー型蓄音機を使って録音するときに使うパーツ。振動板の中央にブレード(刃)が付いており、振動をろう管に刻みつける。カッターともいう。

ろう管 wax cylinder　エジソン、コロンビア、パテのシリンダー型蓄音機に使う筒型レコード。ろう (wax) が主原料だが、組成は製造時期とメーカーによって異なる。→シリンダー・レコード

◈ 参考文献——もっと知りたい人へ

　蓄音機およびSPレコードについての書籍・雑誌は多数刊行されている。しかし、読者層が限られているということもあり、初版しか印刷されなかったものも多い。だが今はインターネット上で簡単に見つけられる時代でもある。データで入手可能なものもあるし、サイトにアップされている場合もある。以下に、本書執筆に際して参考にした書籍・雑誌を簡単な紹介とともに挙げておくので、興味のある方は、探してみてほしい。

EDISON

The Edison Cylinder Phonographs 1877-1929 (George L. Frow & Albert F. Sefl, 1978)
　エジソンのシリンダー蓄音機についての最初の専門書。出版後40年を経た今でも参考にされている。紙媒体では絶版だが、デジタルデータでは購入可能。

The Edison Disc Phonographs and the Diamond Discs (George L. Frow, 1982)
　同じ著者によるダイアモンド・ディスク蓄音機とレコードについての書籍。2001年にMulholland Press から、ペーパーバックで増補改訂版が出版された。

VICTOR

Look for the Dog (Robert W. Baumbach, Mulholland Press, 2005)
　アメリカ・ビクターの蓄音機を網羅した最初の書籍。初版は1981年。これは改訂新版でオール・カラー。1981年版をもとにした日本語版が品川征郎氏の翻訳で2000年に葉文館出版から発売された（絶版）。

Victor Data Book (Robert W. Baumbach, Mulholland Press, 2003)
　同じ著者による姉妹書。各モデルの仕様・発売期間・販売台数・バリエーションなど、文字通り資料とデータを駆使した労作。

"His Master's Voice" in America (Frederick O. Barnum III, General Electric Company, 1991)
　Victor(1901-29)、RCA(1919-29)、RCA Victor (1929-39)、さらには、GEへと続く企業の90年の歴史を、一級の資料と豊富な写真で綴った一冊。エジソンによる蓄音機の発明や、ビクター／HMVのトレードマークについての記述もある。非売品だが、たまに市場に現れる。

HMV

His Master's Gramophone (Brian Oakley & Christopher Proudfoot, 2011)
　HMV（グラモフォン社）が1897年から1960年までに発売した蓄音機のガイド。ほぼすべてのモデルが仕様・価格・説明とともにカラー図版で紹介されている。

The Perfect Portable Gramophone (Dave Cooper, New Cavendish books, 2005)
　HMVのポータブル蓄音機について書かれた書籍。それぞれのモデルの図版だけでなく、当時のカタログ、広告、

マニュアルなどを利用してポータブル蓄音機の魅力を引き出している。発売されなかった試作品などの写真も。「ポータブルの時代のヒット曲集」と題したCDが付属。

EMG / Expert

The E.M.G. Story (Francis James, Old Bakehouse Publications, 1998)

　EMGについての初めてのまとまった書籍。EMG設立前の話から始まり、家族経営のブランドがどのように業界での地位を確立していったか、その後EMGを離れてExpertを設立した経緯、二つのブランドが並立していた時代のこと、蓄音機の後に手がけたプレーヤー、アンプ、スピーカーなどのオーディオ製品など、資料・広告・取材で丁寧に構成した一冊。

The Magnificent Music Machine (Joe E. Ginn, 1996)

　EMGの創立者E. M. Ginnの子息による回想。36ページほどの小冊子だが身内の証言は貴重。Francis James氏が協力している。

COLUMBIA

Columbia Phonograph Companion volume I – Cylinder Graphophone (Howard Hazelcorn, Mulholland Press, 1999)

　シリンダー型蓄音機全機種のカラー写真と解説・仕様が紹介されている。巻頭は会社の歴史。

Columbia Phonograph Companion volume II – The Columbia Disc Graphophone and the Grafonola (Robert W. Baumbach, Stationary X-Press, 1996)

　ディスク型蓄音機全機種の図版と解説。図版は当時のカタログからのもの。詳細な社史も。

PATHÉ

Pathé Records and Phonographs in America, 1914-1922 (George A. Copleland and Ronald Dethlefson, Mulholland Press, 2001)

　パテはフランスの会社だが、アメリカでも独自に蓄音機とレコードを生産していた。ここにはアメリカ・パテの歴史およびレコードカタログや演奏家が紹介されている。また、アメリカ・パテ・オリジナルのユニークな蓄音機「アクチュエル」が、特許図面をはじめとした豊富な資料・広告・写真などで詳しく解説されている。

LIORET

Henri Lioret- Un horloger pionnier du phonographe (Julien Anton, Cires, 2006)

　フランスでの蓄音機のパイオニア、アンリ・リオレの功績と、彼が発明した蓄音機の数々をとりあげている。一般的な蓄音機の書籍ではほとんど見ることのできない、きわめて貴重なもの。

TINFOIL

Tinfoil Phonographs – The Dawn of Recorded Sound (René Rondeau, 2001)

　エジソンが発明した蓄音機はティンフォイル・フォノグラフといい、音は録音して再生できることを証明する科学機械だった。シリンダー型蓄音機が一般的になる前は、欧米でいろんなタイプのティンフォイルが作られたが、それらをまとめた一冊。

BERLINER

Berliner Gramophone – An Illustrated History (M. Caruana-Digli, Markham, 2005)

　シリンダー型蓄音機のことを「エジソン」と言うように、ディスク(平盤)型蓄音機をベルリナー・タイプと言う。おなじみのトレードマーク・モデルをはじめとするごく初期のディスク型蓄音機の数々を、その発明者であるエミール・ベルリナーを中心に紹介する。珍しい蓄音機や当時の写真が多数収録されている。

Emil Berliner and the Kämmer and Reinhardt Gramophone (M. Caruana-Dingli, phono-graphics, 2015)

　同じ著者が、新たな資料と写真をもとに記した補遺のような一冊。ベルリナーの特許をもとにドイツで製造・販売されたケマー&ラインハルト蓄音機の解説が貴重。

◉ 蓄音機全般

The Talking Machine – An Illustrated Compendium 1877-1929 (1st ; 1997),
(revised & expanded ; 2005)

Antique Phonograph – Gadgets, Gizmos & Gimmicks (1999)

Antique Phonographs 1877-1929 (2000)

Phonographs with Flair : A Century of Style in Sound Reproduction (2001)

Antique Phonograph Advertising : an illustrated history (2002)

Antique Phonograph – Accessories and Contraptions (2003)

Phonographica : early history of recorded sound observed (2004)

A World of Antique Phonogaphs (2007)

　この8冊は、Timothy C. Fabrizio と George F. Paulによる10年に及ぶシリーズ。このシリーズにより、アメリカの主だった蓄音機とその周辺(アクセサリー、ソフト、広告)は網羅された。多くのコレクターが協力しているので、貴重な蓄音機がふんだんに取り上げられている。そのいずれもがすばらしいコンディションで、見ていて飽きない。日本やイギリスの蓄音機がほとんどないのがちょっと残念。写真集として楽しむのがよい。全ページ・カラー。版元はいずれもSchiffer社。

The Incredible Music Machine – 100 glorious years (Russell Miller and Roger Boar, A Quartet/Visual Arts Book, 1982)

　蓄音機の発明からレコード黎明期のスター、そして黄金期までを豊富な写真でつづる。

The Patent History of the Phonograph, 1877-1912 (Allen Koenigsberg, APM press, 1990)

　蓄音機に関する2000を超える特許から101点を選び、特許図版と解説で紹介。興味深い図版が目白押し。1番目はもちろんエジソンの特許。

The Compleat Talking Machine (5th edition) (Eric L. Reiss, Sonoran Publishing, 2007)

　蓄音機を自分で修理したり、メンテナンスしたい人のための一冊。サウンドボックス、モーター、ホーン、キャビネットなどの修理の仕方が写真やイラストとともに解説されている。さらに蓄音機の見分け方や、主だった蓄音機

の紹介など充実の内容。

Collecting Phonographs and Gramophones (Christopher Proudfoot, Christie's South Kensington, 1980)

エジソン、コロンビア、HMVをはじめとする蓄音機ブランドの解説と写真が中心。その後に収集に関するアドバイスや蓄音機の修理・メンテナンスのページが続く。イギリスの本なので(だからか)、アメリカ・ビクターのモデルの記述はない。

Phono-Graphics (Arnold Schwartzman, Chronicle Books, 1993)

蓄音機、レコード、アクセサリー、当時の広告類、ポストカード、針缶など、グラフィック・デザイナーの著者ならではのレイアウトで魅せる。写真がどれも美しく、眺めるだけで楽しい。

The EMI Collection (E. Bayly, Talking Machine Review, 1974)

かつてイギリスEMIが所有していた蓄音機のコレクションのカタログ。モノクロ図版と簡単なキャプションで構成。このコレクションは後にすべてオークションにかけられた。

Phonographen und Grammophone (Herbert Jüttemann, Klinkhardt & Biermann, 1993)

初版は1979年、これは第2版。300点を超える写真と正確なイラストで蓄音機の歴史を紹介。あまり見ることのないドイツ製の蓄音機が興味深い。

From Tinfoil to Stereo – Evolution of the Phonograph (Oliver Read and Walter L. Welch, Howard W. Sams & Co., 1976)

初版は1959年、これは増補改訂版。蓄音機の発明以前から黎明期の話、特許争い、メーカーの興亡、シリンダー対ディスクなどについて記され、長らく蓄音機コレクターのバイブルとされた一冊。当然アメリカの話がほとんど。後半は映画と録音、オートチェンジャー、スピード論争など、蓄音機の話題からは離れていく。

Modern Gramophones and Electrical Reproducers (P. Willson and G.W. Webb, Cassel and Company, Ltd, 1929)

音についての話から、蓄音機の原理・構造、録音・再生技術など、アンプやスピーカーについてかなり専門的な書籍。著者は『グラモフォン』誌のテクニカル・アドバイザー。なお、丹野哲男氏による抄訳が『ラジオ技術』誌に連載された(2000年9月号～ 2002年4月号)。

Histoire illustrée du Phonographe (Daniel Marty, EditaVilo, 1979)

原著がフランスで刊行されたので、図版を含めパテなどのフランス製の蓄音機の記述が充実している。英語版はThe Illustrated History of Phonogaphs (Dorset Press, 1989)。

NIPPER

The Collector's Guide To 'His Master's Voice' Nipper Souvenirs (Ruth Eddge & Leonard Petts, EMI Archive Trust, 1997)

HMVやビクターの商標でおなじみのテリア犬、ニッパー。これはいわゆるニッパー・グッズを集めた本。初版は1984年だが、13年経って3倍もの厚さ(1,022ページ)になって出版された。

The Story of 'Nipper' and the 'His Master's Voice' picture painted by Francis Barraud (Leonard

Petts, The Gramophone Company Ltd, 1973)

　HMVやビクターの商標となる原画を描いた画家フランシス・バロードの話や原画誕生のいきさつ、ニッパーについての話など。

RECORDS

Music On Record (F. W. Gaisberg, Robert Hale Limited, 1948)

　史上初のレコード・プロデューサーであり、HMVとビクターの繁栄の礎を築いた偉大なプロデューサーによる録音と演奏家についての回想。20世紀前半の巨匠とのエピソードはもちろんのこと、出張録音で来日したときの話もある。初版は"The Music Goes Round"のタイトルで、1942年にMacmillan, NYから出版された。

A Matter of Records – Fred Gaisberg & The Golden Era of the Gramophone (Jerrold Northrop Moore, Taplinger Publishing, 1977)

　平円盤レコードとディスク型蓄音機の発明者ベルリナーのアシスタントとして出発した、ガイズバーグの伝記。レコード産業黎明期と黄金期を人物を通して描く。

EMI – The first 100 years (Peter Martland, EMI Group plc, 1997)

　世界初のレコード会社の誕生から100年の歴史を、豊富な資料や写真を通じて解説。レーベルを飾った20世紀前半の演奏家も数多く取り上げられている。

Gramophone – The first 75 years (Anthony Pollard, Gramophone Publications Ltd, 1998)

　1923年創刊のイギリスのクラシック・レコード専門誌 "Gramophone"の75年を記念した書籍。レコード産業とともに歩んだ雑誌の歴史。録音・再生技術についての章もある。

Vertical-cut Cylinders and Discs – A catalogue of all 'Hill-&-Dale' recordings of serious worth made and issued between 1897-1932 circa (Victor Girard and Harold M. Barnes, British Institute of Recorded Sound, 1971)

　クラシック演奏家(ほとんどが声楽で一部器楽)とスピーチ(朗読や演説など)の縦振動のレコードが演奏家順に並べてある。冒頭に概説とレーベル面の読み方などの解説も。

Edison, Lambert, Concert Records & Columbia Grand Records and Related Phonographs (George A. Copleland & Ron Dethlefson, Mulholland Press, 2004)

　直径5インチの大型シリンダー・レコードを発売したエジソン、ランバート、コロンビアの3社のレコードと、それを再生する蓄音機についての書籍。

The Collector's Guide to Victor Records (Michael W. Sherman, Monarch Record Enterprises, 1992)

　アメリカ・ビクターのレコードの年代を、レーベルのデザインから判断できる便利な一冊。一般的なものだけでなく特別なレコードについても抜かりない。

The Victor Red Seal Discography　Volume I : Single-Sided Series (1903-1925) (John R. Bolig, Mainspring Press, 2004)

　アメリカ・ビクターの片面盤(赤盤)をすべて網羅した一冊。レコード番号、タイトル、アーティスト名、マトリック

ス番号、録音年月日、HMVの番号も掲載。もちろん索引も。見やすく、使いやすい。著者は続けて次の4点を刊行してシリーズを完結させた。

The Victor Red Seal Discography Volume II: Double-Sided Series to 1930 (2006)

The Victor Black Label Discography: 16000-17000 Series (2007)

The Victor Black Label Discography: 18000-19000 Series (2008)

The Victor Discography: Green, Blue and Purple Labels (2006)

His Master's Voice / Die Stimme Seines Herrn– The German Catalogue (compiled by Alan Kelly, Greenwood Press, 1994)

　1898-1929年にドイツとオーストリアで作られたレコードのカタログ。マトリクス番号、レコード番号、アーティスト名、曲名、録音年月日と、これ以上はない完璧なもの。1,330ページという量にも圧倒される。なお、編者はこのドイツ編以前に、イタリア編(1988)とフランス編(1990)を、さらに1997年にはオランダ・ベルギー編を出版している。その後もCD-ROM版でロシア編、スペイン編なども刊行した。

Berliner Gramophone Records – American Issues, 1892-1900 (Paul Charosh, Greenwood Press, 1995)

　平円盤レコードの元祖ベルリナーのカタログ。

The Encyclopedic Discography of Victor Recordings (Ted Fagan and William R. Moran, Greenwood Press, 1983)

　アメリカ・ビクターがレコードにマトリクス番号を採用するまでの、1900-1903年のレコード・カタログ。まずレコード番号順に約3,500タイトル、さらに録音セッション順と続く。巻末には曲名・演奏家索引。さらに、付録として縮刷版ながら"The Victor Talking Machine Company" (B.L. Aldridge, 1964)が採録されている。

なお、1986年には続刊として、Matrix Series : 1 through 4999が発売されている。

Directory of American Disc Record Brands and Manufacturers, 1891-1943 (Allan Sutton, Greenwood Press, 1994)

　文字通りアメリカのレコード・レーベルとメーカーを集めた一冊。300を超えるレーベルと100近いメーカーがあったことに驚く。メーカーによってはスタジオの住所も掲載。適宜な解説で、ちょっと調べるのに便利。

The Almost Complete 78rpm Record Dating Guide (II) (Steven C. Barr, Yesterday Once Again, 1992)

　レコードの発売年をレコード番号から割り出すもの。とりあげているのはアメリカ、カナダ、イギリスのレーベル。手元のレコードがいつ発売されたかを知るのに便利な一冊。

The Illustrated Encyclopedia of Picture Discs – Part 1 The Shellac Picure Disc (André & Valerié Decerf, Iannoo, 2003)

　SP盤のピクチャー・レコードを集めたカラー写真集。レーベルごとに並べてあり、フランスと日本(テイチク、カナリヤ、ビクターなど)のものが多い。アメリカが少ないのは有名なVogueを除いているため。

VOICES OF THE PAST

Vol. 1 HMV English Catalogue (Vocal Recordings – 1898-1925)

Vol. 2 HMV Italian Catalogue (Vocal Recordings – 1898-1925)

Vol. 3 Dischi Fonotipia

Vol. 4 The International Red Label Catalogue – Book 1 – 'DB' (12 inch)

Vol. 5 The HMV 'D' & 'E' Catalogue

Vol. 6 The International Red Label Catalogue – Book 2 – 'DA' (10 inch)

Vol. 7 HMV German Catalogue

Vol. 8 The Columbia Catalogue – English Celebrity Issues

Vol. 9 The HMV French Catalogue 1899-1925

Vol.10 The HMV Plum Label Catalogue – C. Series (12 inch)

　欧州盤クラシック愛好家のリファレンスともいうべきカタログ集。第1巻は1955年、第10巻は1974年と刊行は古いが、使いやすく、あると重宝する。Oakwood Press 刊。

Das Bilderlexikon der Deutschen Schellack-Schallplatten (The German Record Label Book) (Rainer Lotz, Bear Family Records, 2019)

　ドイツのレコード・レーベルを集めた5巻(2,600ページ)からなる大著。1万枚以上の写真がフルカラーで掲載。これでドイツのSP盤の全貌が明らかになった。ドイツ語表記というのが残念だが、図版を眺めているだけでも楽しい。

◉ MAGAZINES

The Gramophone, vol.I, no.1~II,no.12 (1923~25), vol.IX, no.1~12 (1931-32), vol.X, no.12 (1933)

　現在も続くイギリスのクラシック・レコード専門誌。新譜のレビューはもちろんのこと、蓄音機や電蓄などいわゆる当時のオーディオ製品のリポートも毎号掲載。

The VOICE, vol.XII, no.4,5,9(1928), vol.XV, no.8(1931)

　VOICEはHMV ディーラー向けの販促用月刊誌。

The Talking Machine World, vol. 17, no.6 (1921), vol.21, no.11 (1925)

　1905年創刊のアメリカの蓄音機業界誌(~1928)。B4大の大型本で蓄音機・レコード会社、部品メーカーの広告が多数。20年代になるとラジオやラジオ・スピーカーの広告が目立つようになる。現物は入手が難しいが、ページのpdfをDVDに収めたものが販売されている。

Hillandale News (→ For the Record) (UK)

In the Grove (USA)

Antique Phonograph News (Canada)

The Talking Machine Review (UK)

Sounds Vintage (UK)

Victrola and 78 Journal (USA)

1970年代以降、蓄音機・SP盤愛好家のための雑誌がいくつも刊行された。珍しい蓄音機の紹介やリサーチ、レコード・レーベルや演奏家についての研究など貴重な資料や興味深い読み物の宝庫だった。そのほとんどは刊行を終えているが、名称を変えたり、WEBに移行して継続しているものもある。

◉ 日本語で読める文献

日本語の蓄音機関連書籍はあまりないので、検索の参考になればと思い、かなり古いものも紹介しておく。

図説　世界の蓄音機(三浦玄樹・マック杉崎, 星雲社, 1996)

刊行から20年以上経つが、図版も豊富で、日本語で読める蓄音機についての一番まとまった書籍。サウンドボックスやホーンについての独立した解説があり興味深い。

アート・オブ・サウンド　図鑑　音響技術の歴史(テリー・バロウズ著, 坂本信訳, DU BOOKS, 2017)

1857年のレオン・スコットの「フォノートグラフ」から現代のストリーミングにいたる、文字通り音響技術の歴史をたどった一冊。磁気録音が始まるまでは蓄音機・SP盤の時代なので、それが書籍全体の半分以上を占める。EMIアーカイブ・トラストとの共同制作ということもあり、HMVのサウンドボックスやホーンの設計図、SP盤プレス工場の写真など、貴重な図版が多数。レイアウトも美しい。

エジソン発明会社の没落(アンドレ・ミラード著, 橋本毅彦訳, 朝日新聞社, 1998)

原題は "Edison and the Business of Innovation"。　実業家としてのエジソンに焦点をあてた書籍だが、蓄音機についての記述も多く、その発展から没落までがよくわかる。

アビイ・ロード・スタジオ　世界一のスタジオ、音楽革命の聖地(アリステア・ローレンス著, 山川真理ほか訳, 河出書房新社, 2013)

アビイ・ロード・スタジオがオープンしたのは1931年。それ以降数々の名盤がここで作られた。この書籍もここで録音した多くの名演奏家のエピソードと写真が中心だが、録音機材や舞台裏の話など、興味はつきない。スタジオ開設以前のHMV黎明期から電気録音までの歴史を綴った章もある。

蓄音機とレコードの撰び方・聴き方(田邊尚雄, 先進社, 1931)

全体の8割が曲目解説(邦楽・洋楽)と推薦盤、鑑賞方法まで。蓄音機の選び方では、集会用、ダンス用、家庭用、趣味鑑賞用、教室用、旅行用など、目的別に蓄音機のモデルをあげている。手入れや扱い方も。

蓄音機讀本(上司小剣, 文学界社出版部, 1936)

戦前に活躍した小説家の、主に蓄音機とレコードにまつわる随筆集。「ユモレスク」「蓄音機」の短編を含む。

レコードと蓄音機(野村あらえびす, 隈部一雄ほか, 三省堂, 1938)

あらえびすによる推薦盤やレコードや蓄音機についての話も面白いが、蓄音機工学の第一人者隈部一雄によ

る蓄音機についての解説がいい。

珍品レコード(あらえびす・中村善吉・藤田不二ほか,グラモフィル社, 1940)

　希少レコードのオンパレードであるが、解説も充実しており、読み物としても楽しめる。戦後に何回か復刻されている。

蓄音器とレコードの歴史(池田圭,日本蓄音機レコード協会, 1959)

　わずか24ページの小冊子だが、エジソンのティンフォイルからステレオ・レコードまで要領よくまとめられている。図版も豊富。

日本レコード文化史(倉田喜弘,東京書籍, 1979)

　日本にフォノグラフが紹介された1879年以降、100年にわたるレコード文化史を、一次資料を駆使して記述した労作。「レコードの動きは、激動日本の縮図である。端的にいえば、近代100年における"日本文化"の消長が、レコードに投影されている」(あとがきより)。なお、再編集された約半分が東書選書として1992年に刊行された。

レコードの歴史(ローランド・ジェラット著,石坂範一郎訳,音楽之友社, 1981)

　原題が"The Fabulous Phonograph"なので、「レコードの歴史」というより「蓄音機の歴史」書。原著の初版は1954年で、改訂・増補を重ね、日本語訳は1977年版をもとにしている。蓄音機とレコード産業黎明期の興亡について知るには最良の一冊。

レコードの文化史(クルト・リース著,佐藤牧夫訳,音楽之友社, 1968)

　原題は"Knaurs Weltgeschihte der Schallplatte"(『レコードの世界歴史』)。レコードの発明・発展、レコード会社の栄枯盛衰、演奏家のエピソードなどで綴る。ドイツを軸とした記述が多いが、それだけに戦時中の状況がよくわかって興味深い。

レコードの世界史──SPからCDまで(岡俊雄,音楽之友社, 1986)

　副題にあるようにSPからCDまで扱っているが、LP登場までで全体の半分を占める。音の記録と再生の技術の展開、演奏記録史としてのレコードの意義、レコード・ビジネスのありようなどがコンパクトにまとめられている。

世界のレコードプレーヤー百年史(山川正光,誠文堂新光社, 1996)

　蓄音機の発明、レコードプレーヤーの発達史、さらには世界のオーディオ・ブランドの紹介まであるが、半分は蓄音機の歴史。図版多数。

証言──日本洋楽レコード史(戦前編)(歌崎和彦・編著,音楽之友社, 1998)

　『レコード芸術』誌に連載されたものをまとめた一冊。歌崎が当時を知る人々(8人の名前があるが主に藁科雅美)に話を聞くというスタイル。これに豊富な資料を加えて、日本における洋楽レコードの受容史を跡付けた労作。クラシックの主な国内盤が年ごとにリストになっており、いつ何が発売されたかがわかって重宝。蓄音機や録音の話も多い。

クラシック・レコードの百年史 (ノーマン・レブレヒト著,猪上杉子訳,春秋社, 2014)

　ほとんどがLP以降の内容だが、「第I部　巨匠たちの歴史」の最初の章に、演奏を記録することに対する本質的な洞察が記されている。「第II部　レコード史の記念碑的名盤100」には、SP時代の録音から10点余りが取り上げ

られている。

蓄音機の歴史(梅田晴夫, パルコ出版局, 1976)

蓄音機100年　サウンド文化の歩み(音楽之友社, 1977)

THE PHONOGRAPH 蓄音器物語(ステレオサウンド編, 1977)

　上記3点はエジソンの蓄音機発明100年を記念して刊行された書籍。

● 社史

コロムビア50年史(日本コロムビア株式会社, 1961)

日本ビクター 50年史(日本ビクター株式会社, 1977)

レコードと共に50年(テイチク株式会社, 1986)

日本ビクター 70年の歩み・CD-ROM版(日本ビクター株式会社, 1998)

あとがき

　19世紀末に誕生した蓄音機とSPレコードは1920年代後半にその技術的頂点を迎えます。それまでの20年あまりは、どうしたらよい音で録音できるか、どうしたらよい音で再生できるかのアイディアを競った時代ともいえます。あらたに登場したメディアに夢中になったパイオニアたちの情熱が蓄音機にはこめられています。そしてSPレコードには演奏家の気合が刻印されています。電気録音時代の生々しい音はもちろん魅力的ですが、音域も狭く音量も劣るラッパ吹き込み時代の音にも惹かれます。

　蓄音機は過去へ旅する、あるいは過去を招来する魔法の扉です。録音している現場を想像しながら聴いていると、自分がその時代に運ばれたような気がします。SPレコードに針を下ろすと、扉が開き、閉じ込められた時代の空気が放たれます。あなたも、蓄音機といっしょに時間旅行に出かけてみませんか。

　冒頭の「蓄音機ギャラリー」に掲載した写真は、ほとんどが1990年代前半から2000年頃までに撮影したものです。いつも実物よりも美しく撮ってくださった内田芳孝さんにあらためて感謝します。

　最後に、本書を使う側の視点で構成してくださった米良比佐子さん、原稿をチェックしてくださった植野郁子さん、田中晶子さん、髙橋森之祐さん、雑多な素材をきれいに纏めてくださったデザイナーの大森裕二さん、そして本書の出版を引き受け根気よく応援してくれたDECOの高橋団吉氏に感謝いたします。

167

● プロフィール

梅田英喜 [うめだひでき]

1957年北海道生まれ。明治学院大学仏文科卒業。10年あまりの編集者生活（青土社、音楽出版社など）ののち、蓄音機専門店「梅屋」をはじめる。都内の駒場、青山、神保町であわせて20年あまり営業。2015年春、店舗を大分県・由布院に移す。NHKのSPレコード番組（AM,FM）に協力および出演、テレビ東京『開運！ なんでも鑑定団』の蓄音機担当。また、仲間と「ゆふいん蓄音機倶楽部」をつくり、さまざまな蓄音機イベントを通じて蓄音機とSPレコードの魅力を伝える活動を続けている。

今日からはじめる蓄音機生活

2021年3月31日　初版第1刷発行

著　者　梅田英喜

発行者　髙橋団吉
発行所　株式会社デコ
　　　　〒101-0064
　　　　東京都千代田区神田猿楽町1-5-20 田端ビル
　　　　http//www.deco-net.com/
　　　　電話　03-6273-7781

印刷所　株式会社シナノ
DTP　　アーティザンカンパニー